マンガ・微積分入門：楽しく読めて、よくわかる

漫畫微積分入門

岡部恒治 著
藤岡文世 繪
蔡青雯 譯

輕鬆學習、
快樂理解微積分的
第一本書

科普漫遊 FQ1010

漫畫微積分入門

輕鬆學習、快樂理解微積分的第一本書

作　　者　岡部恒治
繪 圖 者　藤岡文世
譯　　者　蔡青雯
副總編輯　劉麗真
主　　編　陳逸瑛、顧立平

發 行 人　凃玉雲
出　　版　臉譜出版
城邦文化事業股份有限公司
台北市中山區民生東路二段141號5樓
電話：886-2-25007696　傳真：886-2-25001952
發　　行　英屬蓋曼群島商家庭傳媒股份有限公司城邦分公司
台北市中山區民生東路二段141號11樓
客服服務專線：886-2-25007718；25007719
24小時傳真專線：886-2-25001990；25001991
服務時間：週一至週五上午09:30~12:00；下午13:30~17:00
劃撥帳號：19863813　戶名：書虫股份有限公司
讀者服務信箱：service@readingclub.com.tw
香港發行所　城邦（香港）出版集團有限公司
香港灣仔駱克道193號東超商業中心1樓
電話：852-25086231　傳真：852-25789337
E-mail : hkcite@biznetvigator.com
馬新發行所　城邦（馬新）出版集團 Cité (M) Sdn. Bhd.
41, Jalan Radin Anum, Bandar Baru Sri Petaling, 57000 Kuala Lumpur, Malaysia
電話：603-90578822　傳真：603-90576622
E-mail : cite@cite.com.my
初 版 一 刷　2008年9月10日
初版十一刷　2012年10月2日

城邦讀書花園
www.cite.com.tw

ISBN 978-986-6739-66-8

定價：280元
（本書如有缺頁、破損、倒裝、請寄回更換）

漫畫
微積分入門

前言

各位同學對微積分的印象是什麼呢？我認為微積分這門學問實在太有趣了，恨不得能立刻和眾人分享。因此，當我計畫透過漫畫呈現各領域的數學時，決定先從微積分著手。

各位同學，你們知道嗎？最初我也覺得微積分索然無趣；甚至在大學聯考時，微積分是最不擅長的領域。當時，我認為「微分和積分只是為了計算而計算罷了」。

現在，雖然這種想法逐漸淡了，但是我對微積分依舊存有根深蒂固的印象。有一次，我受託撰寫微分和積分的書籍（直排式印刷），一時不知道該如何是好。因為直排形式完全不適合「數式計算」。不過，當時我一心希望克服自己不擅長的微分和積分，所以接下書籍撰寫委託案；現在回想起來，只覺得當時為了一己之私，實在過意不去。

然而，現在我非常感謝對方委託撰寫「直排形式」的書籍。因為，託那本書的福，我對微分和積分的印象有了一百八十度的轉變。「微分和積分＝僅是計算的學問」根本是誤解，我真心認為其實「微分和積分樂趣十足，而且圖形豐富多變」。

雖然嚴密主義者批判「微分和積分不是數學」，但仍有許多數學家持續使用，我想就是因爲圖形的魅力吧。此外，微分和積分的另一項趣味是廣泛運用在自然現象、社會現象、日常生活等方面。換言之，雖然仍有錯誤的疑慮，微積分的價值讓數學家甘冒風險。

現今依舊有「數學相關人士」論及微分和積分時，認爲「只能對理科專業提供微薄周邊效益」，或「爲什麼必須學習這種艱澀難懂的學科」（引自1989年底日本全國性報紙）。此外，甚至連雜誌《數學補習班》（数学セミナー）都窮追猛打似地加油添醋：「微積分的數學教育效果，在於其抽象性是非人性的」。

事實上，應該針對微積分這項科目檢討改善對策，設法將「艱澀難懂、索然無趣、完全派不上用場」等論點，轉換爲「應該運用哪種教材，採用哪種教學方式」等具體內容。關於前述對微積分的觀點，我希望透過本書來扭轉劣勢（另請參照通信教育《改變工作方式的數學構想補習班》（仕事のやり方を変える数学的発想塾，實務教育出版））。

很久以前，責任編輯高橋忠彥先生期盼我出版「微分和積分問答」形式的數學書籍，這個願望終於透過本書得以實現，感謝他寬容（假設他已經諒解我了）的胸襟。此外，感謝爲本書繪圖的藤岡文世先生；還有多方助言和協助的講談社柳田和哉先生、大樂祐二先生；埼玉大學的柴田教授；科普作家中宮寺薰先生、龜井清先生；學生星野千春、長澤惠美、中川暢子、小池曉子、吉見朋子、橫田優子、安川優、平岡一志、內野敬子等。最後感謝在本書企畫階段，賜予我發言機會的靜岡縣高校數學教育委員會，以及北海道和神奈川的教育研究所的諸位人士。

登場人物介紹

目次

第一章　如何計算捲筒衛生紙的長度？

——微分和積分的概念——

在日常生活中，其實我們經常用到微分和積分的概念。本章將舉出實例，介紹究竟什麼是微分和積分。透過微分和積分來助一臂之力，許多問題都可以輕鬆迎刃而解，不需要再絞盡腦汁，算得頭昏眼花，滿頭大汗。

從實際測量到紙和鉛筆

同學們知道如何計算這卷捲筒衛生紙的長度嗎？
用尺量就好啦
9m
10m
糾纏
不清
用尺量太麻煩，而且這樣捲筒衛生紙就不能當作商品來賣啦
捲筒衛生紙很便宜，有什麼關係嘛
反正是老師家的，又不是我花錢……
如果捲筒衛生紙是黃金打造的呢？
金

我就立刻埋藏到祕密場所
廁所是聚寶盆嘛
噗！
無論是不是黃金捲筒衛生紙
生活中常常需要測量捲曲物品的長度，其中有些物品是非常重要的
老師！錄影帶就非常重要，對不對？
妳舉的例子非常好
因為已經有實例了呀
對啊
爸～爸～！有86m喲
啊～～
這卷錄影帶很珍貴的～～

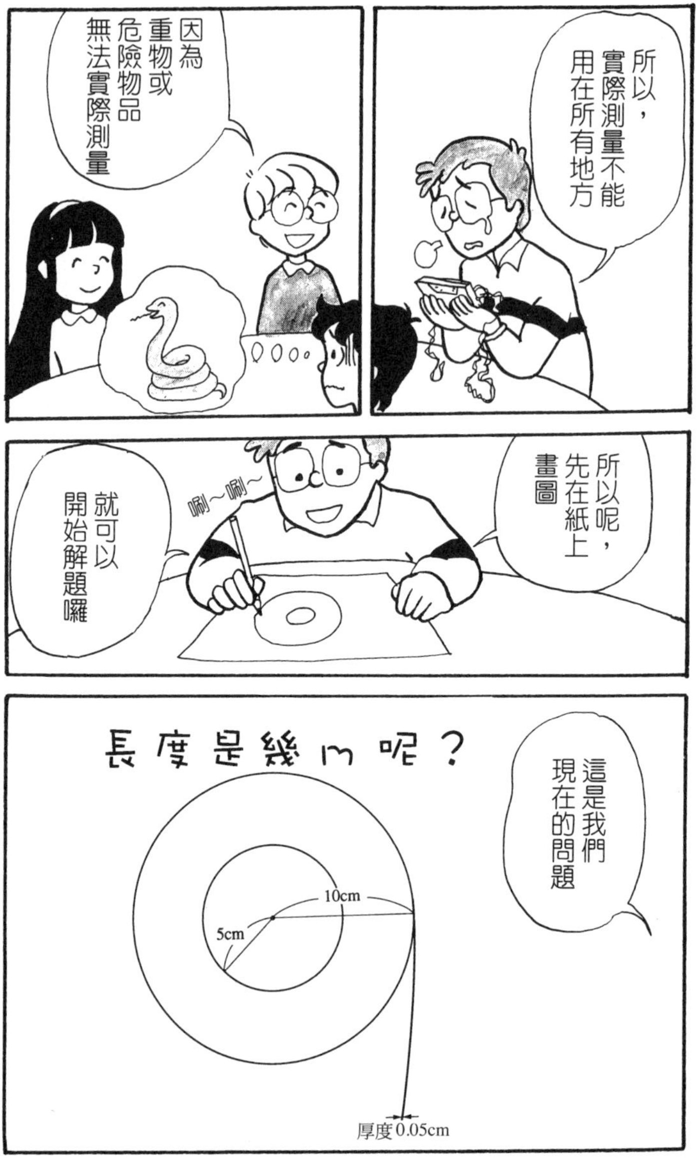
所以，實際測量不能用在所有地方
因為重物或危險物品無法實際測量
所以呢，先在紙上畫圖
就可以開始解題囉
唰～唰～
這是我們現在的問題
長度是幾m呢？
10cm
5cm
厚度0.05cm

數學呢
得意
其實就是紙和筆的世界啊
在紙上演算的話，昂貴或危險物品都可以輕鬆處理了
呼～
沒錯！數學可以拓展思考範圍喔
原～來如此
可是，有時候寫在紙上反而糟糕
我每次用紙和筆都失敗耶
嘿嘿嘿
字太醜了，我才不想理你呢
哼！
無言以對啊
喔！紙[1]啊！
OH MY GOD!

如何輕鬆計算呢？

同學們，這題怎麼解答呢？
10cm
5cm
厚度0.05cm
啊！我知道
可以用圓周率啊
將捲筒衛生紙想成是一張紙環繞同一個圓心
只是每層紙圈的半徑相差0.05cm
嗯嗯
嗯嗯
最外側的圓周是半徑10cm，所以長度是20πcm
第二層是19.9πcm……，最內側的圓周以半徑5.05cm計算，就是10.1πcm
然後加總全部數字
S＝20π＋19.9π＋…＋10.1π
10cm
5.05 cm
9.95cm
＊以紙張外側的半徑計算。
雖然結果會大於實際長度，但在誤差範圍內！

妳的想法非常正確
可是呢~先試試妳的計算方式
總共需要加總一百個數字耶，好多喔
看來有點麻煩呢
$S=1+2+\cdots+99+100$
↑
老師教各位的計算方法
給你們一點提示囉。
我知道，是求等差數列總和的方法
喔~
$S=1+2+3+\cdots+99+100$
$+)\ S=100+99+98+\cdots+2+1$
$2S=101+101+101+\cdots+101+101$
$2S=101\times100$
$\therefore S=\frac{101\times100}{2}$
這是高斯在七歲時發現的喔
剛才的問題可以用這個方法來解
$S=20\pi+19.9\pi+\cdots+10.1\pi$
$+)\ S=10.1\pi+10.2\pi+\cdots+20\pi$
$2S=30.1\pi+30.1\pi+\cdots+30.1\pi$
$S=\frac{30.1\pi\times100}{2}\doteqdot1500\pi(cm)$
$=15\pi(m)$
高斯的計算速度非常快
不過，數學家不擅長計算也沒關係，只要懂得技巧就行
原來如此啊
?
所以老師在課堂上計算錯誤，都是為了教導我們這點啊?!
倒!
呵呵
嘻嘻

先解決一個問題了
難道還有其他問題嗎？
這個問題曾經出現在私立中學名校的入學考試裡
大家想到什麼了嗎
老師的意思是這種中學入學考試非常難嗎？
我不是這個意思～
究竟哪種人去參加這種入學考試啊？
根本就是異類嘛
老師是問這是幾年級的考題
我知道了！既然是國中入學考題，所以是小學六年級的題目囉
呼～
反正這些人一定頭腦有問題
嗚嗚～～
頭腦有問題的根本就是……

換句話說，不僅是高斯，這是連小學生都會計算的問題
那種題目！
真的啊
同學們，想想捲筒衛生紙的同心圓面積是多少？
喔～我懂了
(A)
面積
10²π－5²π
＝75π
(A)和(D)相等，所以
0.05 × x = 75 π
x = 75π/0.05 = 1500π（cm）
(B)一點一點拉出來之後
(C)
(D)全部拉出來之後
0.05cm
xcm
這種方法就是積分的概念
數學的進步讓計算更輕鬆
嗯嗯

數學是相互關聯的

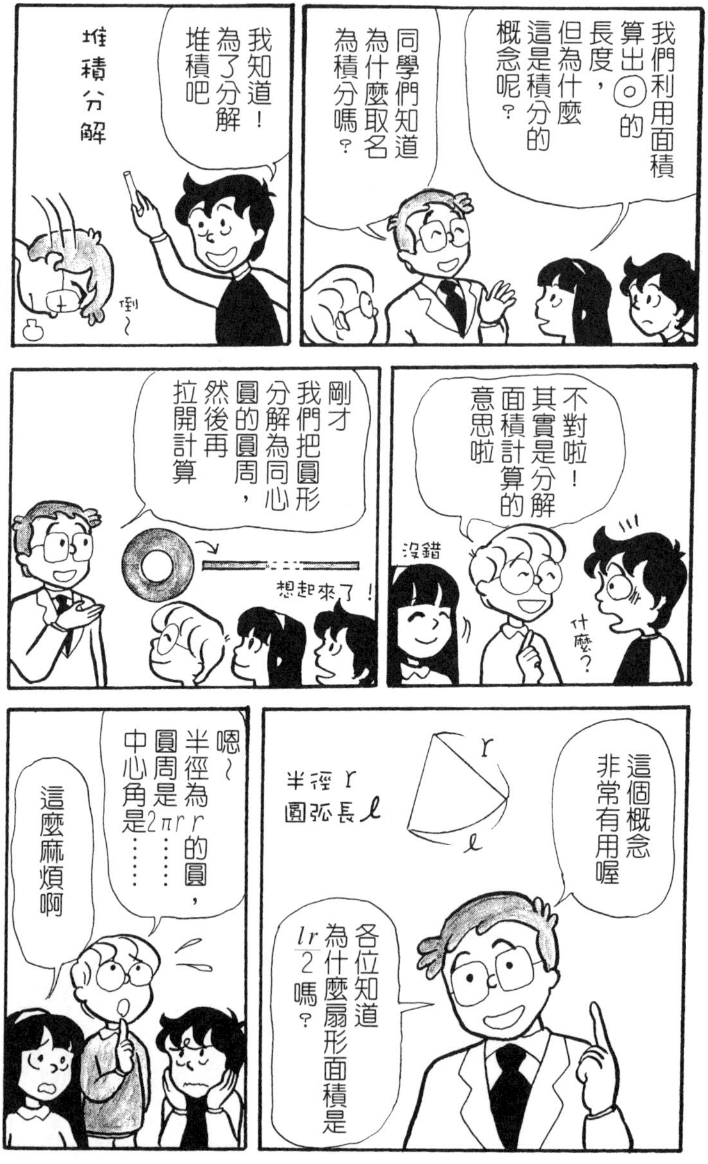
我們利用面積算出◎的長度，但為什麼這是積分的概念呢？
同學們知道為什麼取名為積分嗎？
我知道！為了分解堆積吧
堆積分解
倒～
不對啦！其實是分解面積計算的意思啦
沒錯
什麼？
剛才我們把圓形分解為同心圓的圓周，然後再拉開計算
想起來了！
這個概念非常有用喔
半徑r
圓弧長l
r
l
各位知道為什麼扇形面積是$\frac{lr}{2}$嗎？
嗯～半徑為r的圓，圓周是2πr，中心角是……
這麼麻煩啊

其實用積分來思考就非常簡單
如果把無芯衛生紙捲切開，擺在平坦的地面上，會變成什麼呢？
ℓ
切開
ℓ
ℓr/2
啊～～！
變成高r、底邊長ℓ的三角形！
那麼，再來看看這個
r
m
ℓ
把有芯衛生紙捲切塊就行啦
切開
m
r
ℓ
r(ℓ+m)/2
非常好！
扇形或三角形的面積和積分，兩者相互關聯之處就是數學的趣味所在喔
啪啪！
老師！我懂了！
所以從小學開始，我的成績不好，就是因為不會積分啦
幫自己找藉口你最行……
原～來如此

咳…咳
讓我們再試試19頁的高斯計算法
S=1+2+…+99+100的計算，對不對？
同學們，從 S=101×100/2 中，有沒有注意到什麼？
如果是 S=a×b/2 的話，有沒有想到什麼呢？
我知道！這是 S=a×b/2 對不對？
b
a
沒錯！三角形面積計算和1+2+…+100是親戚關係喔
真的嗎？為什麼？
從1寫到100太麻煩了，先從1寫到9
這些硬幣的數目是 1+2+…+9
的確可以排成三角形呢，不過…

怎麼求三角形的面積呢？
結合兩個三角形，成為平行四邊形
喔！我知道了
共有9排，每排10枚硬幣，所以$\frac{10\times9}{2}$
9行
10枚
這樣就行了，和三角形面積的計算方法一樣
懂了嗎？
任何能堆積成三角形的物品都適用這項計算方法
原～來如此
傍晚
噹～
噹～
老師！圓筒狀根本行不通啦！
圓筒狀無法堆積成兩個三角形啦
滾～
滾～
哇、哇

一目了然的圖表

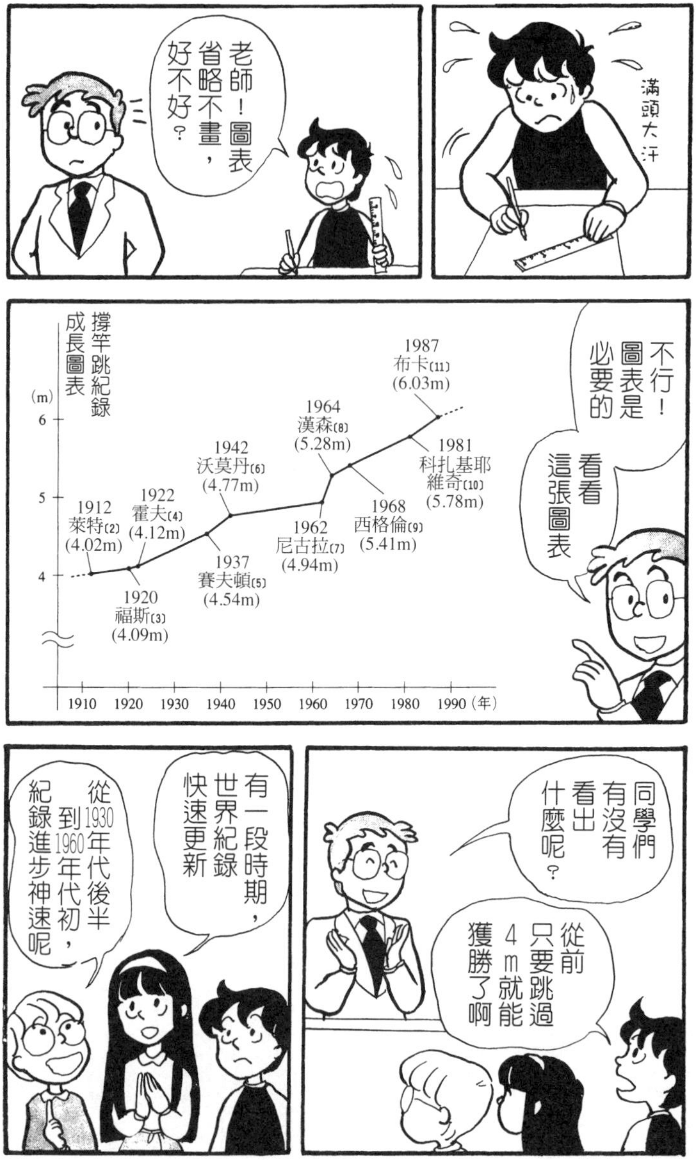

老師！圖表省略不畫，好不好？
滿頭大汗
撐竿跳紀錄成長圖表
(m)
6
5
4
1912 萊特(2) (4.02m)
1920 福斯(3) (4.09m)
1922 霍夫(4) (4.12m)
1937 賽夫頓(5) (4.54m)
1942 沃莫丹(6) (4.77m)
1962 尼古拉(7) (4.94m)
1964 漢森(8) (5.28m)
1968 西格倫(9) (5.41m)
1981 科扎基耶維奇(10) (5.78m)
1987 布卡(11) (6.03m)
1910 1920 1930 1940 1950 1960 1970 1980 1990 (年)
不行！圖表是必要的
看看這張圖表
同學們有沒有看出什麼呢？
從前只要跳過4m就能獲勝了啊
有一段時期，世界紀錄快速更新
從1930年代後半到1960年代初，紀錄進步神速呢

因為跳竿的材質改變了
從木頭、竹子，發展到金屬，1960年時演變成玻璃纖維
哇～
世界紀錄剛好這個時候開始迅速更新呢
老師，我分析自己的成績圖表，終於解開謎題了
成績不好的前一天，我都在玩電動
原來如此！所以你是用功不夠
不對！唸書時間完全沒變
反正我根本不唸書
嘖、嘖、嘖
因為眼睛太疲勞，所以看不清楚建中的答案
虧你說得出口！
咚！

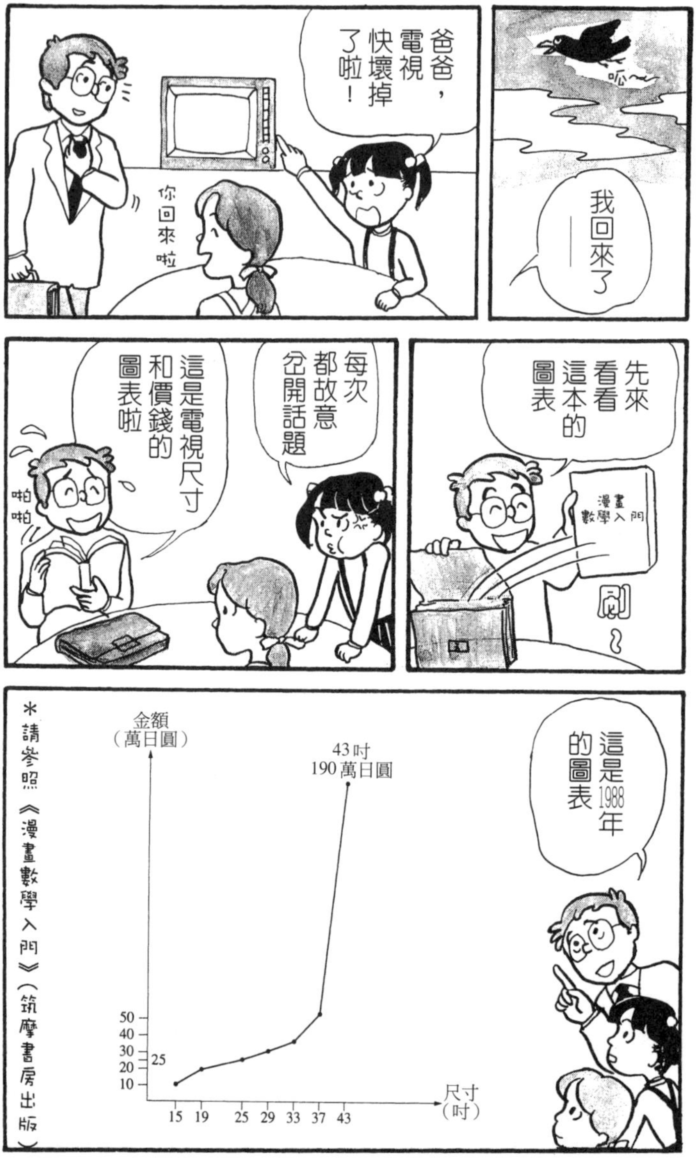
呱~
我回來了——
爸爸，電視快壞掉了啦！
你回來啦
先來看看這本的圖表
漫畫數學入門
刷~
每次都故意岔開話題
這是電視尺寸和價錢的圖表啦
啪啪
這是1988年的圖表
金額（萬日圓）
43吋 190萬日圓
50
40
30
20
10
25
尺寸（吋）
15 19 25 29 33 37 43
*請參照《漫畫數學入門》（筑摩書房出版）

看出什麼了嗎？
嗯～
如果是37吋或43吋的話，價錢突然變得很貴耶
沒錯！19～33吋是每增加1吋，價格約增加1萬日圓
所以，15吋的價格是最划算的
圖表真是簡單易懂耶
嗯～？
啊！爸爸！你打算只買15吋的電視敷衍我們！
嘿嘿！被拆穿了啊
我也反對！
再仔細分析圖表之後
我也明白了
?
0吋電視最便宜！
兩位再忍耐一下囉！
0
喪氣～
呵
誰也敵不過媽媽啊

圖表的斜率問題

1937 賽夫 (4.54m)
1942 沃莫丹 (4.77m)
1962 尼古拉 (4.94m)
1964 漢森 (5.28m)
196 西格 (5.41
紀錄的成長在圖表中用什麼來表示呢？
線段的斜線啊
1962 尼古拉 (4.94m)
1964 漢森 (5.28m)
1968 西格倫 (5.41m)
分析撐竿跳高圖表時，可以知道紀錄突然飛快進步是有原因的
日常生活中有哪些經常出現的曲線圖呢？
我知道！物價曲線圖
斜率 n/m
n
m
答對了！觀察斜率是曲線圖的重點
（日圓）
土地價格（札張市A地點）
泡沫經濟時期
泡沫經濟瓦解
列島改造論(12)
（年）
圖表線條急速上揚，問題實在太嚴重了！
簡直害苦老百姓

股價也是一種曲線圖
一般投資人通常是虧錢啊
(日圓)
300萬
200萬
100萬
50萬
MTT的股價
時間
老師應該沒問題吧？
上下波動牽動股票的短期獲利，也就是斜率問題
在這張圖表中，若A和B斜率一樣，表示獲利相同
A股
B股
※但是投資金額不同
怎麼不早說！原來建中和我的成績一樣啊
咦？
你們看看，圖表線條形狀一樣啊
(分數)
100
0
建中
全部100分
全部0分
小凡
(次數)
也有道理
嚇我一跳

胡說八道！
成績怎麼能用斜率評估，要看絕對值啊！
嘿嘿，不好意思
我們看了不少曲線圖，其中是有共通點的
所有圖表都上上下下的
我知道！
滑~
的確如此啦……
我知道！所有橫軸都表示時間
沒錯
曲線圖表是顯示變化過程
是喔
除了時間，橫軸也可以表示緯度或溫度
體積
水溫
0
4
(℃)

但是這種曲線圖沒什麼意義
當地大學生占有率
（取自國民生活白書）
北海道
東北地方
關東北部
關東南部
北陸甲信
東海地方
近畿地方
中國地方
四國地方
九州
因為橫軸之間沒有關聯
群山並列看起來也像曲線圖呢
我回來了~
老公，你的薪水能不能想點辦法，隔壁鄰居都加薪了
爸爸，你回來啦
老婆，請看這個圖表
我們家
鄰居
十年間的薪水
公務員的薪水漲幅和民間企業一樣喔
我不管漲幅，絕對值才有用
說得沒錯
這些都是教育政策啊……
哎呀呀，自己好像在哪兒提過「絕對值」……

80km/h表示什麼？

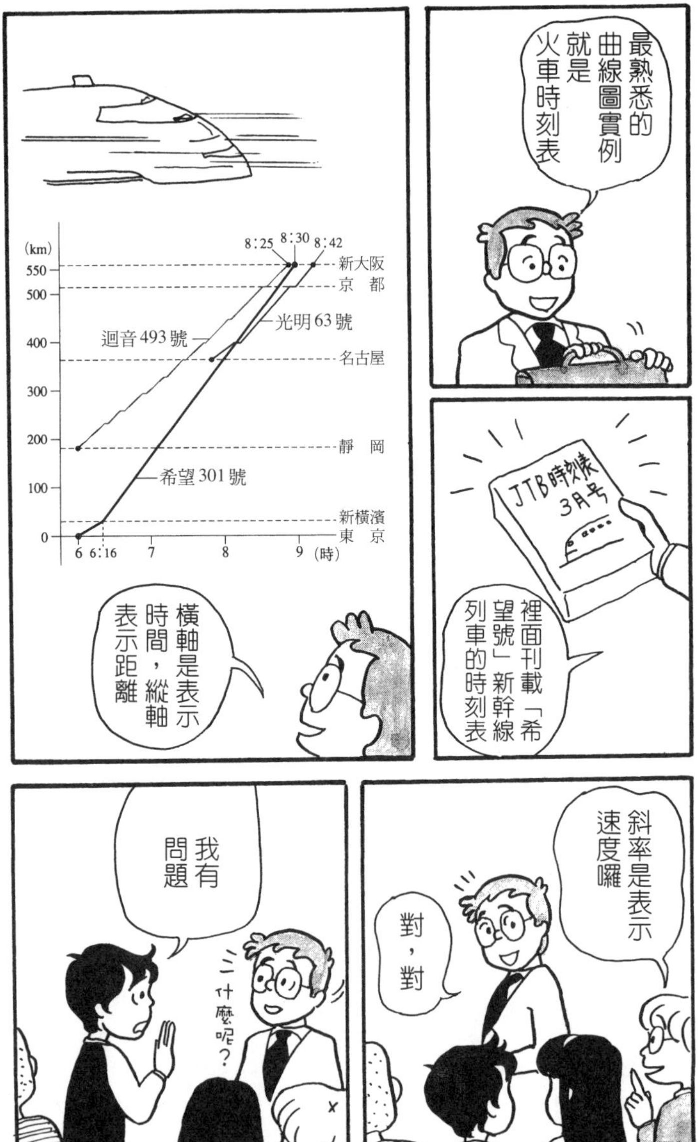
最熟悉的曲線圖實例就是火車時刻表
JTB時刻表 3月号
裡面刊載「希望號」新幹線列車的時刻表
(km)
550
500
400
300
200
100
0
6
6:16
7
8
9
(時)
8:25
8:30
8:42
新大阪
京　都
名古屋
靜　岡
新橫濱
東　京
迴音493號
光明63號
希望301號
橫軸是表示時間，縱軸表示距離
斜率是表示速度囉
對，對
我有問題
什麼呢？

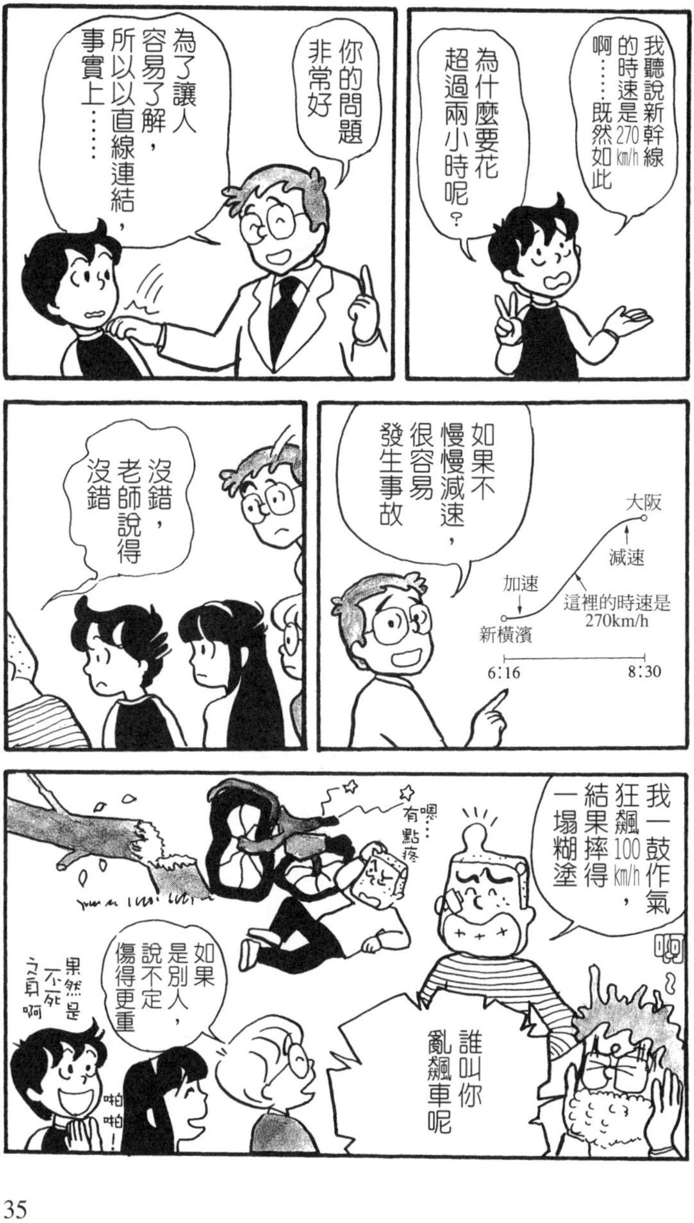
我聽說新幹線的時速是270km/h啊……既然如此
為什麼要花超過兩小時呢？
你的問題非常好
為了讓人容易了解，所以以直線連結，事實上……
如果不慢慢減速，很容易發生事故
大阪
減速
加速
這裡的時速是270km/h
新橫濱
6:16
8:30
沒錯，老師說得沒錯
我一鼓作氣狂飆100km/h，結果摔得一塌糊塗
嗯…有點疼
啊？
誰叫你亂飆車呢
如果是別人，說不定傷得更重
果然是不死之身啊
啪啪！

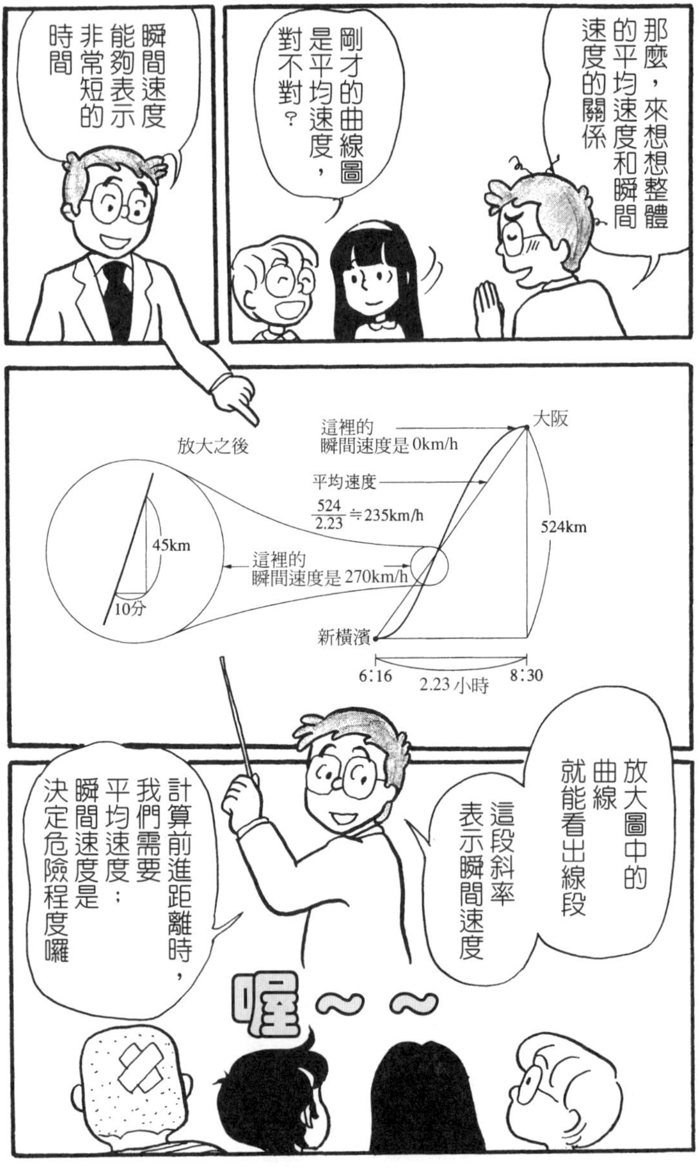
那麼，來想想整體的平均速度和瞬間速度的關係
剛才的曲線圖是平均速度，對不對？
瞬間速度能夠表示非常短的時間
放大之後
這裡的瞬間速度是0km/h
大阪
平均速度
$\frac{524}{2.23}$≒235km/h
524km
45km
這裡的瞬間速度是270km/h
10分
新橫濱
6:16
2.23小時
8:30
放大圖中的曲線就能看出線段
這段斜率表示瞬間速度
計算前進距離時，我們需要平均速度；瞬間速度是決定危險程度囉
喔～～

所以呢，有一種笑話
你的車速是80公里，超速30公里
不會吧！我才前進10公里而已耶
停
我的意思是依照你的車速，一小時會前進80公里
我們是以瞬間速度為基準
啊！對不起啦
有上課就有收穫，我知道該怎麼運用了
不安~~
嘿嘿
馬拉松大會
阿郎，不可以半途折回來啊
咻~
是嗎？我的時速是17km/h，刷新兩小時的紀錄啦
阿郎

微分和積分的關係

計算瞬間速度是微分概念
也就是將曲線部分擴大，擷取其中一段來觀察
大家了解「微分」名稱的由來了嗎？
我早就知道了啦
微分就是微微分心啊
微微分心
無力
你根本是完全分心啊
不對啦！應該是細微分解，再加以分析啦
呼～
擷取部分曲線之後，線段也能夠是切線的一部分
瞬間速度是80km/h，就是一小時能前進80公里的意思
80公里！
我才前進10公里啊～～
停
切線
80km
這裡是80km/h
1小時

微分
就是研究
曲線細部的
方法
放大
放大
放大
放大
換句話說，
就是分解、
再分析曲線，
對不對？
非常正確
啊！
這麼說來，
我剛才就運用
微分了耶
嚼
你……這是
國寶級的
盤子啊……
啊
我真是天才，
不知不覺中
就運用
微分了耶
嘿嘿嘿
軟
我就知道
一定
沒好事
真慘啊

長條圖和積分的關係

分析圖表還有另一種方法
唉～
就是長條圖
我知道！常在業務辦公室看到，對不對？
業績
小凡
阿郎
小秋
建中
這張也是長條圖
小凡
哇！我遙遙領先耶
我最厲害！
別得意，這是健忘圖表
什麼？
長條圖能夠深入了解一些事喔
什麼呢？
我常常健忘嗎？
就是全班同學健忘物品的總量
僧侶
(13)
什麼啊？

請看長條圖的長度總和
長條面積表示健忘物品的量
換句話說，長條圖就是積分的概念
是喔～～
令人驚訝的是
兩個看似毫不相關的概念，其實互為「逆運算」
所以復原盤子就是積分，對不對？
如果說微分是分析
積分就是總和
不過，老師的積分功力真遜呀～
積分本來就是微分的相反嘛
因為積分就是顛倒分析啊
顛倒分析
唉！狗嘴吐不出象牙
不應該對你抱期待呀

解說

測量捲筒衛生紙長度的方法很多。

最原始的方法是將捲筒衛生紙全部拉直之後，以尺測量。這項方法的優點是不需動腦；但缺點是需要勞力，而且捲筒衛生紙拉開之後，失去商品價值，就無法銷售了。

因此，我們進入「紙和鉛筆」的數學世界，發現其實只需要計算圓周長度，不需拉開捲筒衛生紙，就能夠知道總長度。圓周長度是西元前3世紀時阿基米德發現的。只要手邊有「紙和鉛筆」，就能解決問題。但這種計算方式還是過於複雜，因為總共要相加一百個數字。

解決大量數字總和的方法就是「等差數列總和公式」。利用這種方法，可以輕鬆計算出定量遞增的數字的總和。

然後，若能更進一步利用積分的概念，即使是小學生都能解決這個問題。

如此一來，我們能了解數學隨著進化，使計算變得更輕鬆簡單。事實上，數學是一門讓事物更簡單易解的學問。從書中各項說明可以知道，微分和積分並非只是計算的學問，而是減少計算的學問。

此外，根據微分和積分，還能找出扇形和三角形等的關聯性；甚至發現數列總和公式和三角形面積公式的相似性。不僅如此，在後面的章節中，許多圖形的量還能透過微分和積分來找出共通點。

＊本章的捲筒衛生紙計算方法，請參照通信教育《改變工作方式的數學構想補習班》，以及《圖解微分和積分》（絵でわかる微分と積分，日本實業出版社）。

註釋

1 「紙」和「神」日語發音相同。
2 Marc Wright，1890-1975，美國撐竿跳高選手。
3 Frank Foss，1895-1989，美國撐竿跳高選手。
4 Charles Hoff，1902-1985，挪威撐竿跳高選手。
5 Bill Sefton，美國撐竿跳高選手。

6 Cornelius Warmerdam，1915-2001，美國撐竿跳高選手，最早跳過15呎，也是最後一位以竹竿創紀錄的運動員。

7 Pentti Nikula，1939-，芬蘭撐竿跳高選手。

8 Fred Hansen，1940-，美國撐竿跳高選手。

9 Bob Seagren，1946-，美國撐竿跳高選手。

10 Wladyslaw Kozakiewicz，1953-，波蘭撐竿跳高選手。

11 Sergei Bubka，1963-，烏克蘭撐竿跳高選手，世界紀錄保持人，綽號「鳥人」。

12 日本前首相田中角榮的主張，主旨是以高速交通網（高速道路、新幹線）連結日本列島，促進地方工業化，解決人口過剩過少和公害等問題。

13 「僧侶」和「總量」日語發音相似。

第二章　白蘿蔔切薄片，思考體積

——微分和積分的定義——

接下來談談微分和積分的定義。不過，請別過分拘泥於定義，本章的用意是更清楚說明第一章「微分和積分是計算切線斜率及面積」的觀念，只需要約略了解就可以了。

微分的定義

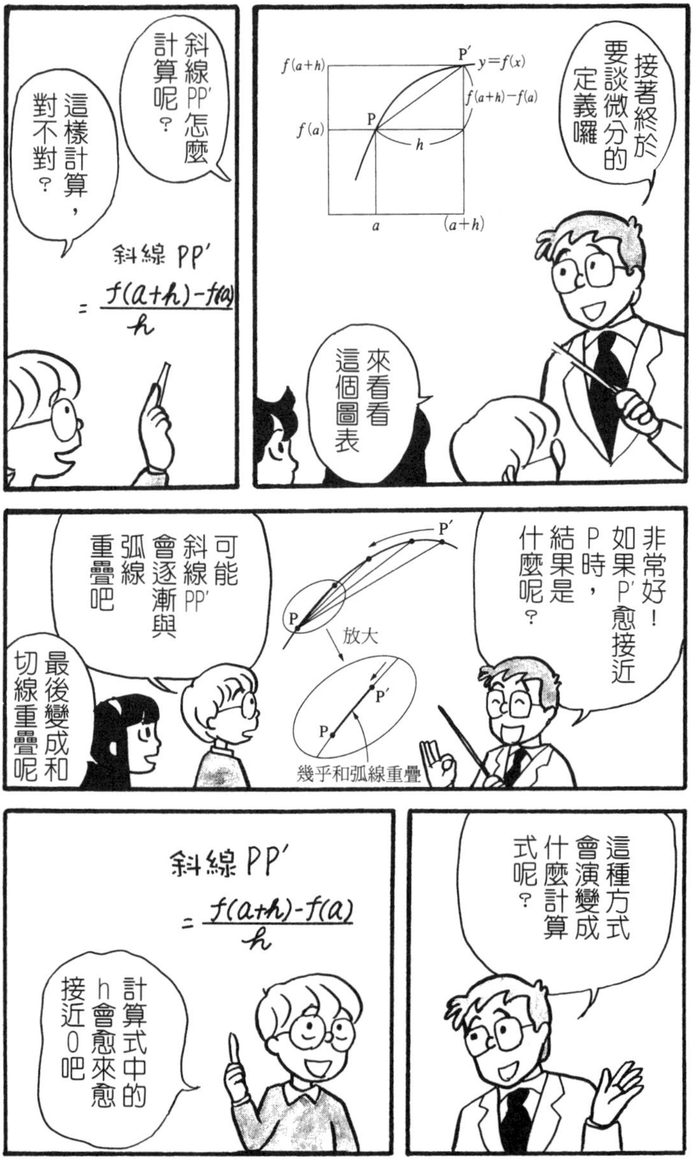
接著終於要談微分的定義囉
f(a+h)
f(a)
P′
y=f(x)
P
f(a+h)−f(a)
h
a
(a+h)
來看看這個圖表
斜線PP′怎麼計算呢？
這樣計算，對不對？
斜線PP′ = (f(a+h)−f(a))/h
非常好！如果P′愈接近P時，結果是什麼呢？
P′
P
放大
P′
P
幾乎和弧線重疊
可能斜線PP′會逐漸與弧線重疊吧
最後變成和切線重疊呢
這種方式會演變成什麼計算式呢？
斜線PP′ = (f(a+h)−f(a))/h
計算式中的h會愈來愈接近0吧

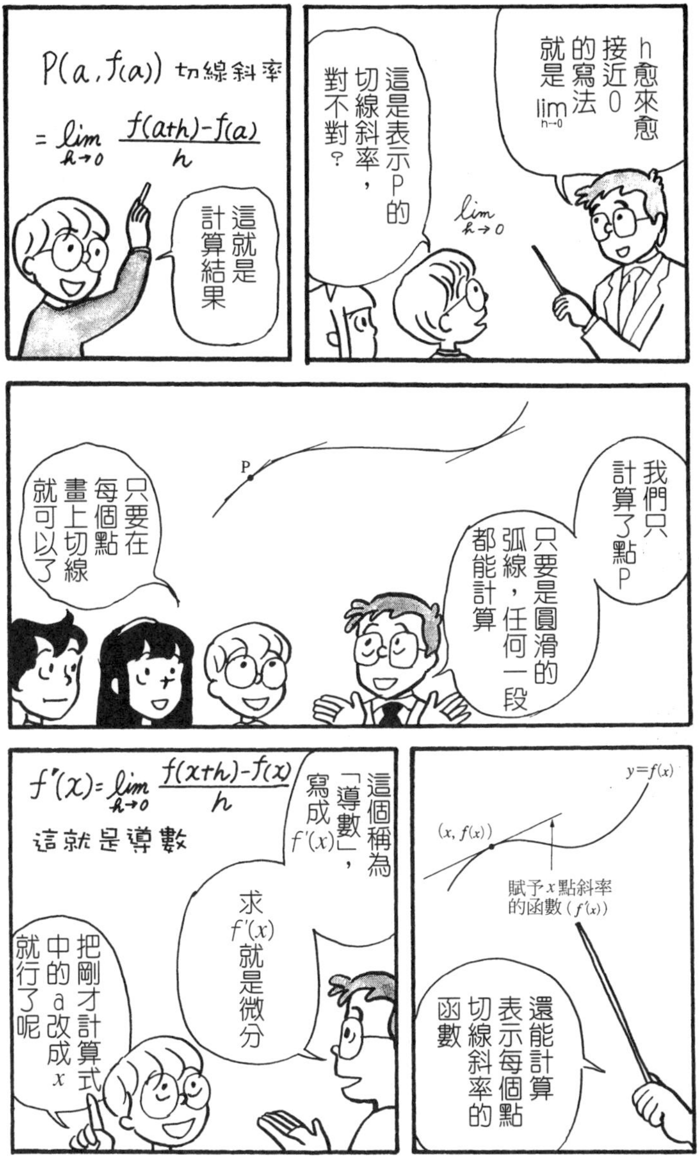
h愈來愈接近0的寫法就是$\lim_{h\to 0}$
$\lim_{h\to 0}$
這是表示P的切線斜率，對不對？
$P(a, f(a))$ 切線斜率
$= \lim_{h\to 0} \frac{f(a+h)-f(a)}{h}$
這就是計算結果
我們只計算了點P
只要是圓滑的弧線，任何一段都能計算
P
只要在每個點畫上切線就可以了
這個稱為「導數」，寫成$f'(x)$
$f'(x) = \lim_{h\to 0} \frac{f(x+h)-f(x)}{h}$
這就是導數
求$f'(x)$就是微分
把剛才計算式中的a改成x就行了呢
$y=f(x)$
$(x, f(x))$
賦予x點斜率的函數（$f'(x)$）
還能計算表示每個點切線斜率的函數

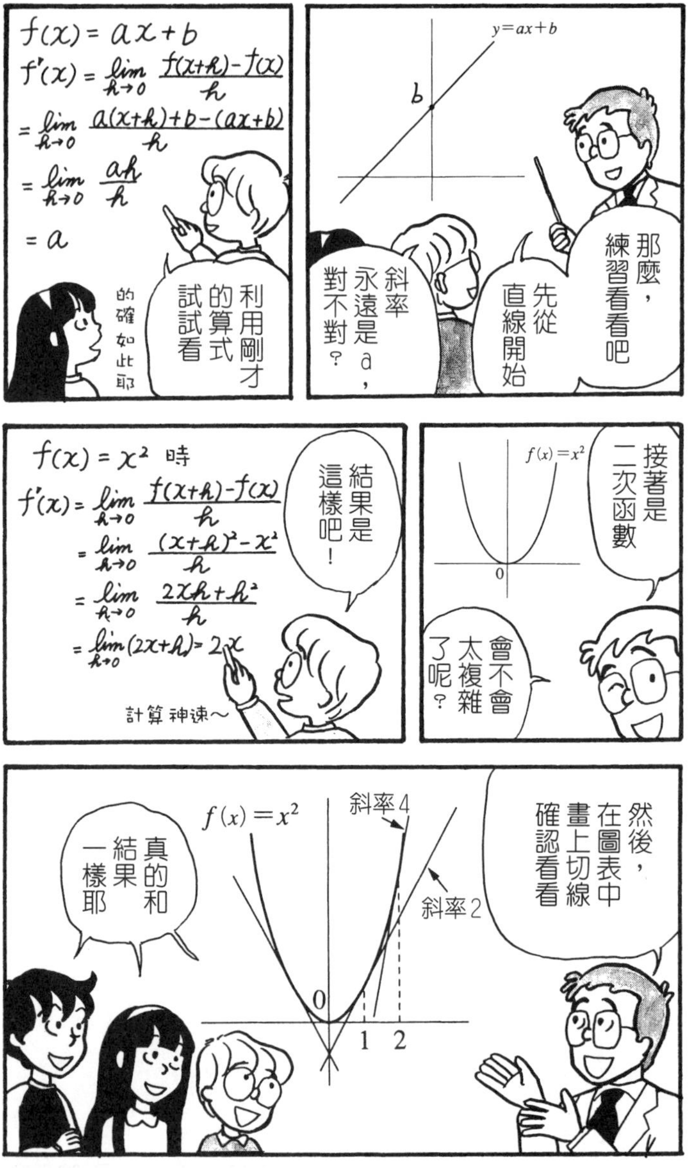
那麼，練習看看吧
先從直線開始
斜率永遠是a，對不對？
y＝ax＋b
b
$f(x)=ax+b$
$f'(x)=\lim_{h\to 0}\frac{f(x+h)-f(x)}{h}$
$=\lim_{h\to 0}\frac{a(x+h)+b-(ax+b)}{h}$
$=\lim_{h\to 0}\frac{ah}{h}$
$=a$
利用剛才的算式試試看
的確如此耶
接著是二次函數
會不會太複雜了呢？
$f(x)=x^2$
0
結果是這樣吧！
$f(x)=x^2$ 時
$f'(x)=\lim_{h\to 0}\frac{f(x+h)-f(x)}{h}$
$=\lim_{h\to 0}\frac{(x+h)^2-x^2}{h}$
$=\lim_{h\to 0}\frac{2xh+h^2}{h}$
$=\lim_{h\to 0}(2x+h)=2x$
計算神速～
然後，在圖表中畫上切線確認看看
$f(x)=x^2$
斜率4
斜率2
0
1
2
真的和結果一樣耶

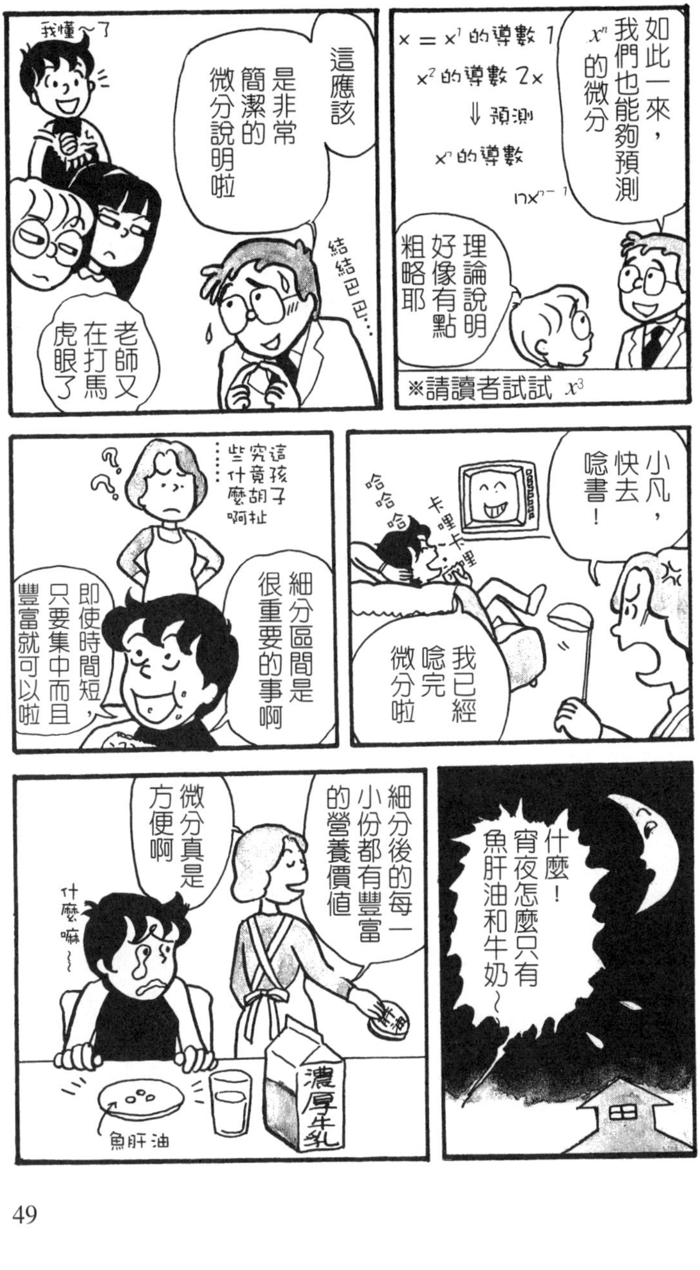
如此一來，我們也能夠預測 x^n 的微分
$x = x^1$ 的導數 1
x^2 的導數 2x
↓ 預測
x^7 的導數
$7x^{7-1}$
理論說明好像有點粗略耶
※請讀者試試 x^3
這應該是非常簡潔的微分說明啦
結結巴巴…
我懂～了
老師又在打馬虎眼了
小凡，快去唸書！
哈哈哈
卡哩卡哩
我已經唸完微分啦
這孩子究竟胡扯些什麼啊……
細分區間是很重要的事啊
即使時間短，只要集中而且豐富就可以啦
什麼！宵夜怎麼只有魚肝油和牛奶～
細分後的每一小份都有豐富的營養價值
微分真是方便啊
什麼嘛～
濃厚牛乳
魚肝油

積分的定義

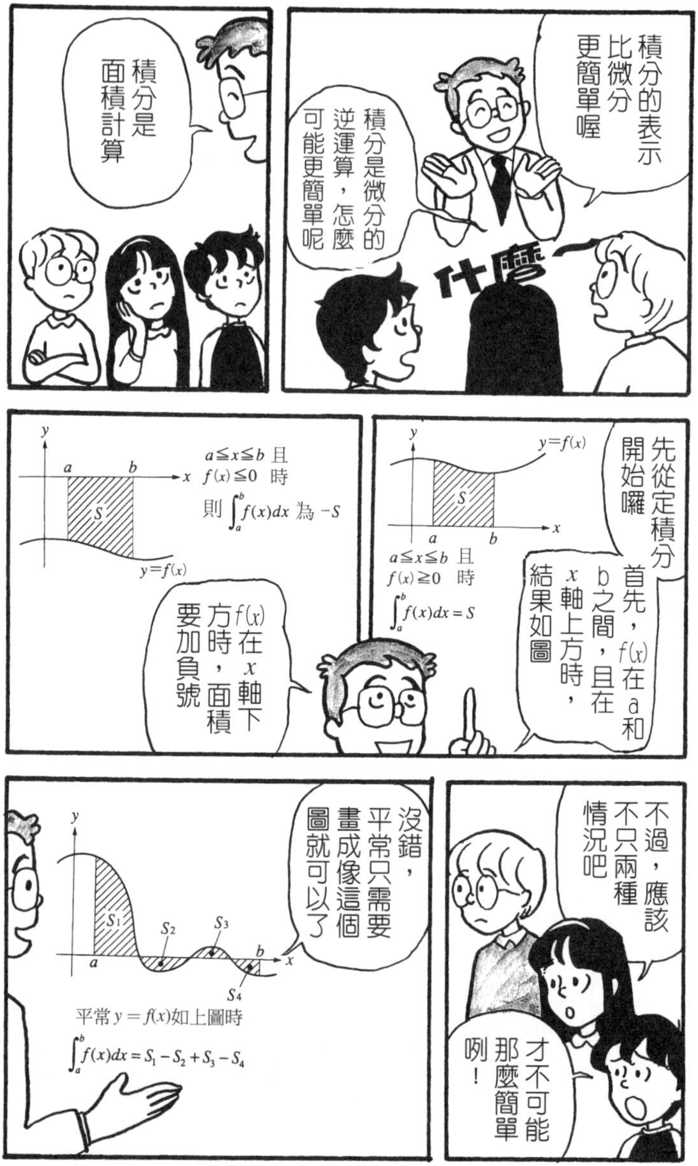
積分的表示比微分更簡單喔
什麼
積分是微分的逆運算，怎麼可能更簡單呢
積分是面積計算
先從定積分開始囉
y
y=f(x)
S
a
b
x
a≦x≦b 且
f(x)≧0 時
$\int_a^b f(x)dx = S$
首先，f(x)在a和b之間，且在x軸上方時，結果如圖
y
a
b
x
S
y=f(x)
a≦x≦b 且
f(x)≦0 時
則 $\int_a^b f(x)dx$ 為 −S
f(x)在x軸下方時，面積要加負號
不過，應該不只兩種情況吧
才不可能那麼簡單咧！
沒錯，平常只需要畫成像這個圖就可以了
y
S_1
S_2
S_3
S_4
a
b
x
平常y＝f(x)如上圖時
$\int_a^b f(x)dx = S_1 - S_2 + S_3 - S_4$

這就是積分的定義！
竟然這麼簡單啊！
等等
積分之後，就會出現函數，對不對？
那是能計算「定積分」的函數
又稱為「不定積分」
將f(x)從0到t積分後，假設是F(t)
y=f(x)
∫f(x)dx = F(t)
0
t
F(t)是圖中的面積囉
如何算出圖中的面積呢？
y=f(x)
0
a
b
F(b)減去F(a)就行了
F(b)
F(a)
−
0
a
b
0
a
只要算出F(t)就非常簡單了

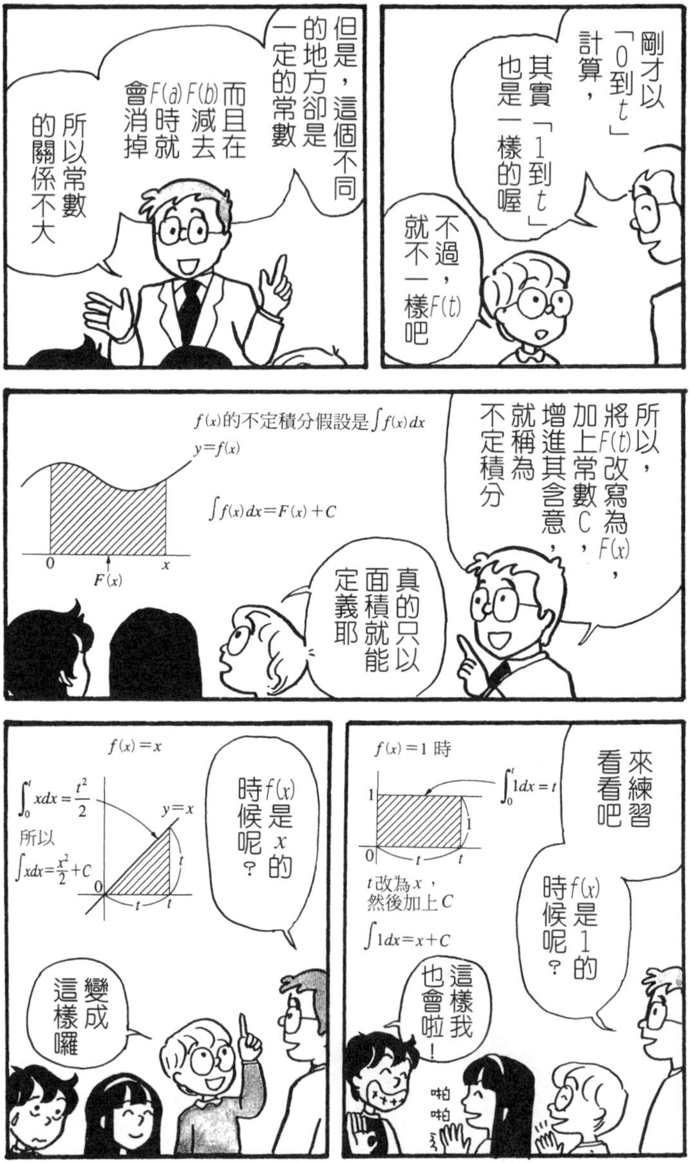
剛才以「0到t」計算，
其實「1到t」也是一樣的喔
不過，就不一樣F(t)吧
但是，這個不同的地方卻是一定的常數
而且在F(b)減去F(a)時就會消掉
所以常數的關係不大
所以，將F(t)改寫為F(x)，加上常數C，增進其含意，就稱為不定積分
f(x)的不定積分假設是$\int f(x)dx$
$y=f(x)$
$\int f(x)dx=F(x)+C$
0
x
F(x)
真的只以面積就能定義耶
來練習看看吧
f(x)是1的時候呢？
$f(x)=1$ 時
$\int_0^t 1dx=t$
1
0
t
t改為x，然後加上C
$\int 1dx=x+C$
這樣我也會啦！
啪啪
f(x)是x的時候呢？
$f(x)=x$
$\int_0^t xdx=\frac{t^2}{2}$
所以
$\int xdx=\frac{x^2}{2}+C$
$y=x$
0
t
變成這樣囉

這樣一來就能預測x^n的不定積分了
預測
$\int x^n dx = \frac{x^{n+1}}{n+1} + C$
老師最拿手的差不多理論又出現了！
當然囉
呵呵呵
因為隨性積分嘛
對不對，老師？
積分真的非常簡單
開創者是西元前3世紀的阿基米德
阿基米德在澡堂中想出計算皇冠體積的方法，興奮地忘了穿衣服就跑到大街上
萬歲！
變態
裸奔的始祖？
肅然！
老師！我覺得不對耶
他不應該叫阿基米德，應該叫光屁股大王
暈～～
呵呵

圓周率

阿基米德想到「一網打盡」的方法
噹～
噹～
很少聽過「一網打盡」的方法耶
我知道一些喔
真的嗎？
嗯，尾鷲、鴨川、鴻巢、燕、鶴岡、鳥栖、鳥取、鳩之谷、舞鶴、三鷹……
口若懸河～
等等，不對啦
咦？不是要「一網打盡」城市名中有「鳥」的嗎？
才不是咧
「一網打盡法」是將弧線取近似三角形，然後計算面積的方法
如此一來，就能用梯形或三角形的面積計算方式了耶
什麼嘛
旅行社
這個方法至今依然有效
例如，量量北海道的面積吧
北海道旅行
59,800

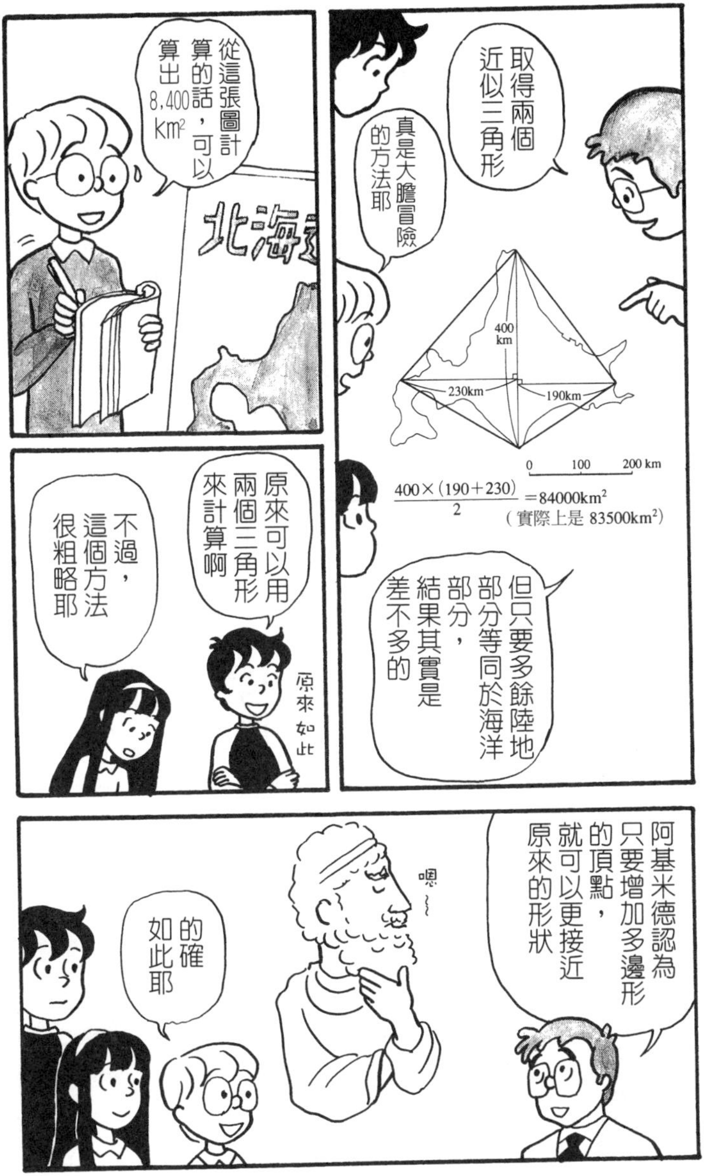
從這張圖計算的話，可以算出8,400km²
北海
取得兩個近似三角形
真是大膽冒險的方法耶
400 km
230km
190km
0 100 200 km
400×(190+230)/2 =84000km²
（實際上是 83500km²）
原來可以用兩個三角形來計算啊
原來如此
不過，這個方法很粗略耶
但只要多餘陸地部分等同於海洋部分，結果其實是差不多的
阿基米德認為只要增加多邊形的頂點，就可以更接近原來的形狀
嗯～
的確如此耶

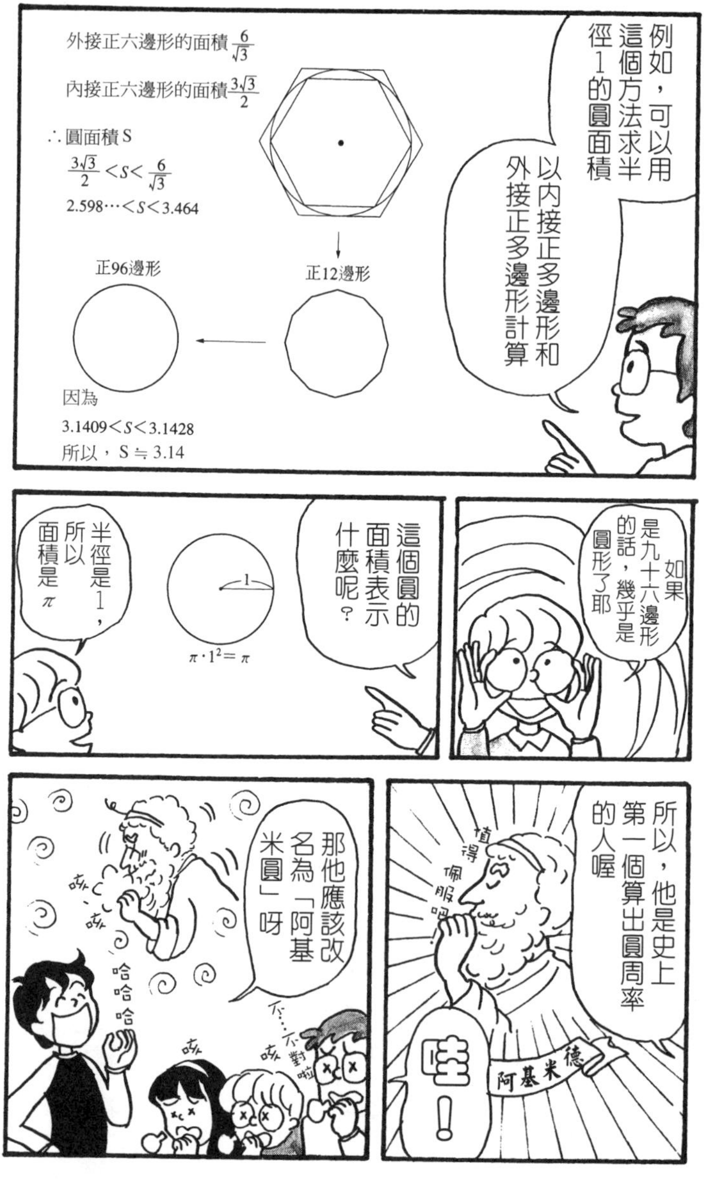
例如，可以用這個方法求半徑1的圓面積
以內接正多邊形和外接正多邊形計算
外接正六邊形的面積 $\frac{6}{\sqrt{3}}$
內接正六邊形的面積 $\frac{3\sqrt{3}}{2}$
∴圓面積S
$\frac{3\sqrt{3}}{2} < S < \frac{6}{\sqrt{3}}$
$2.598\cdots < S < 3.464$
正12邊形
正96邊形
因為
$3.1409 < S < 3.1428$
所以，$S \fallingdotseq 3.14$
如果是九十六邊形的話，幾乎是圓形了耶
這個圓的面積表示什麼呢？
1
$\pi \cdot 1^2 = \pi$
半徑是1，所以面積是π
所以，他是史上第一個算出圓周率的人喔
值得佩服吧！
哇！
阿基米德
那他應該改名為「阿基米圓」呀
咳、咳
哈哈哈
咳
咳
不…不對啦

北海道遊客中心
老師，可是像北海道這樣的地形，計算很麻煩耶
會增加很多細小三角形啊～

遊客中心
所以有另一種方法啊
就是使用方格紙
只要計算方格數目就好了

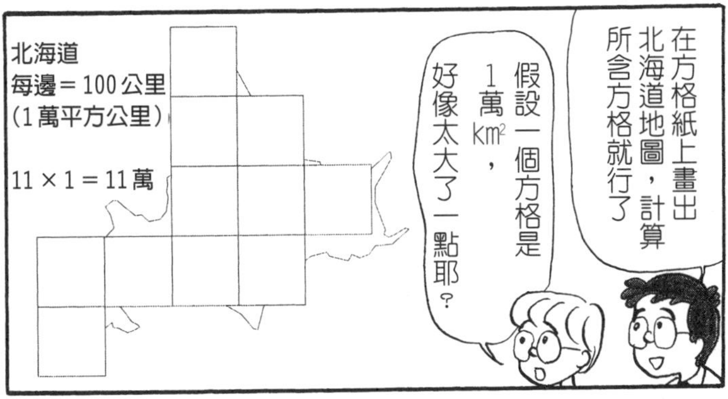
在方格紙上畫出北海道地圖，計算所含方格就行了
假設一個方格是1萬km²，好像太大了一點耶？
北海道
每邊＝100公里
（1萬平方公里）
11×1＝11萬

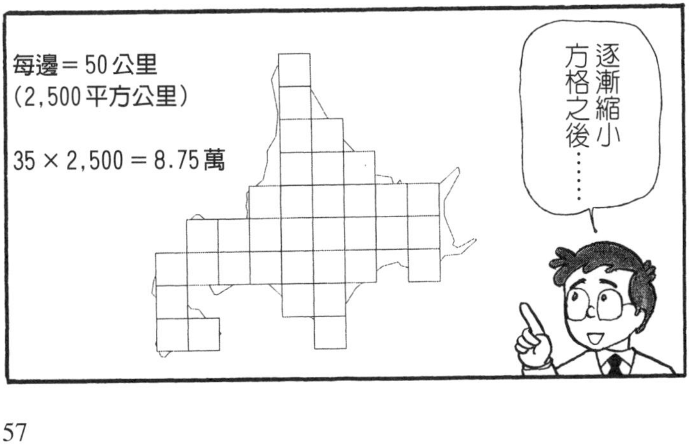
逐漸縮小方格之後……
每邊＝50公里
（2,500平方公里）
35×2,500＝8.75萬

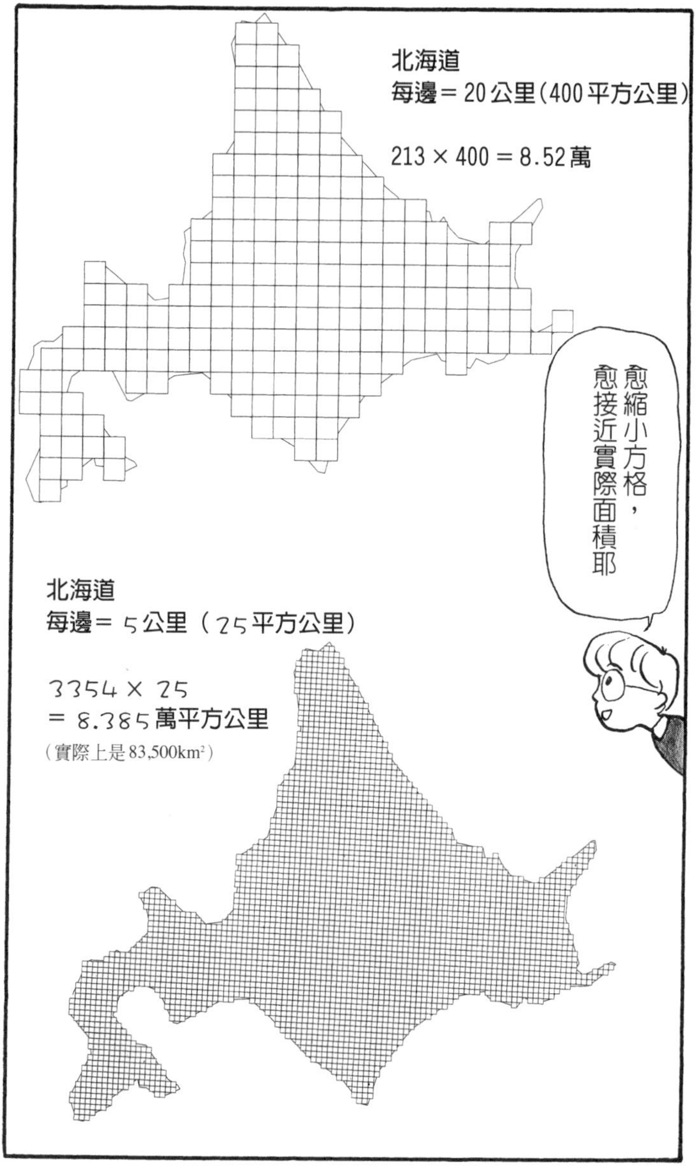
北海道
每邊＝20公里(400平方公里)
213×400＝8.52萬
愈縮小方格，愈接近實際面積耶
北海道
每邊＝5公里（25平方公里）
3354×25
＝8.385萬平方公里
(實際上是83,500km²)

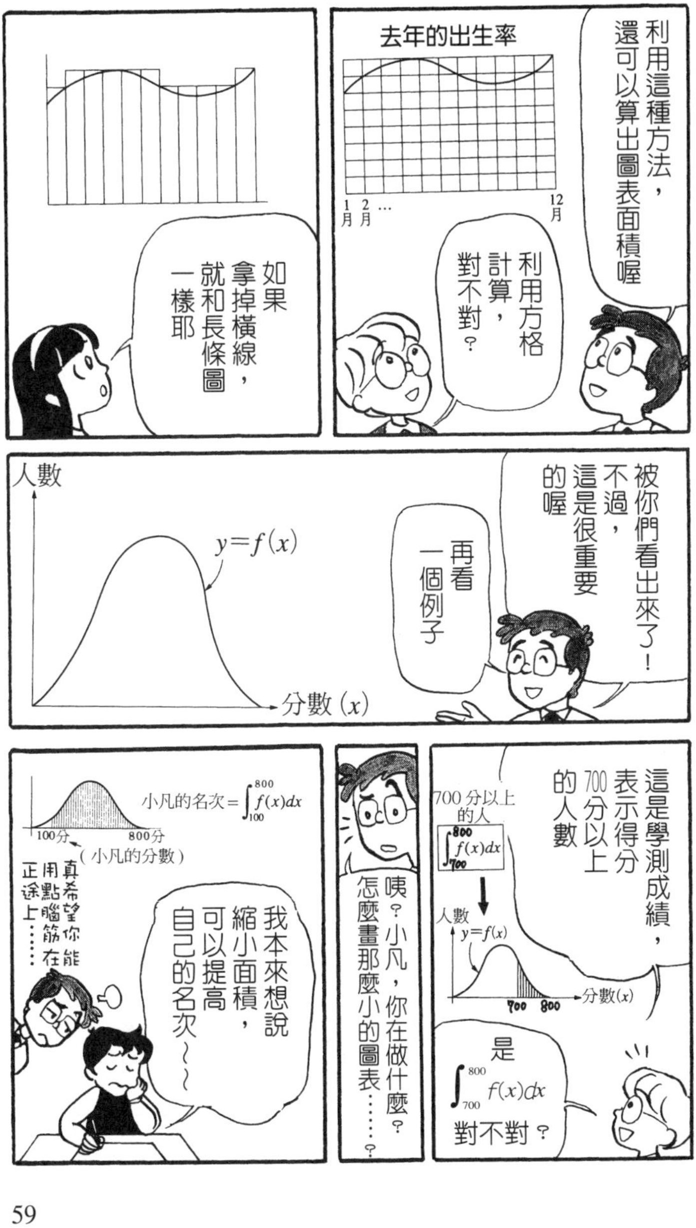
去年的出生率
1月 2月 … 12月
利用這種方法，還可以算出圖表面積喔
利用方格計算，對不對？
如果拿掉橫線，就和長條圖一樣耶
被你們看出來了！不過，這是很重要的喔
再看一個例子
人數
$y=f(x)$
分數 (x)
這是學測成績，表示得分700分以上的人數
700分以上的人
$\int_{700}^{800} f(x)dx$
人數
$y=f(x)$
700 800
分數 (x)
是 $\int_{700}^{800} f(x)dx$ 對不對？
咦？小凡，你在做什麼？怎麼畫那麼小的圖表……？
小凡的名次 $=\int_{100}^{800} f(x)dx$
100分 800分
（小凡的分數）
我本來想說縮小面積，可以提高自己的名次～～
真希望你能用點腦筋在正途上……

體積也是積分

積分也能運用在計算體積上喔
但是，我覺得面積和體積好像非常不一樣耶……
這裡有一根白蘿蔔
真想吃黑輪……
誰來幫忙把白蘿蔔切片呢
包在我身上！
剁，剁，剁
切好了！
果然切得很漂亮！
我對食物很講究的呢
啪，啪
不過，還無法贏過媽媽
接著想想體積吧
什麼？不是要煮嗎？

先將白蘿蔔片並列排開
小凡切得很不錯，每片幾乎一樣厚
除了菜葉和根部，一共有三十片
厚度大約是1cm
S_1 S_2 …… S_{29} S_{30}
假設三十片白蘿蔔片的面積是S_1～S_{30}，如何求體積呢？
每片的體積是厚度×面積
然後全部加起來就行了
讓我們畫個長條圖，橫軸以1cm為區隔，高度是S_1～S_{30}

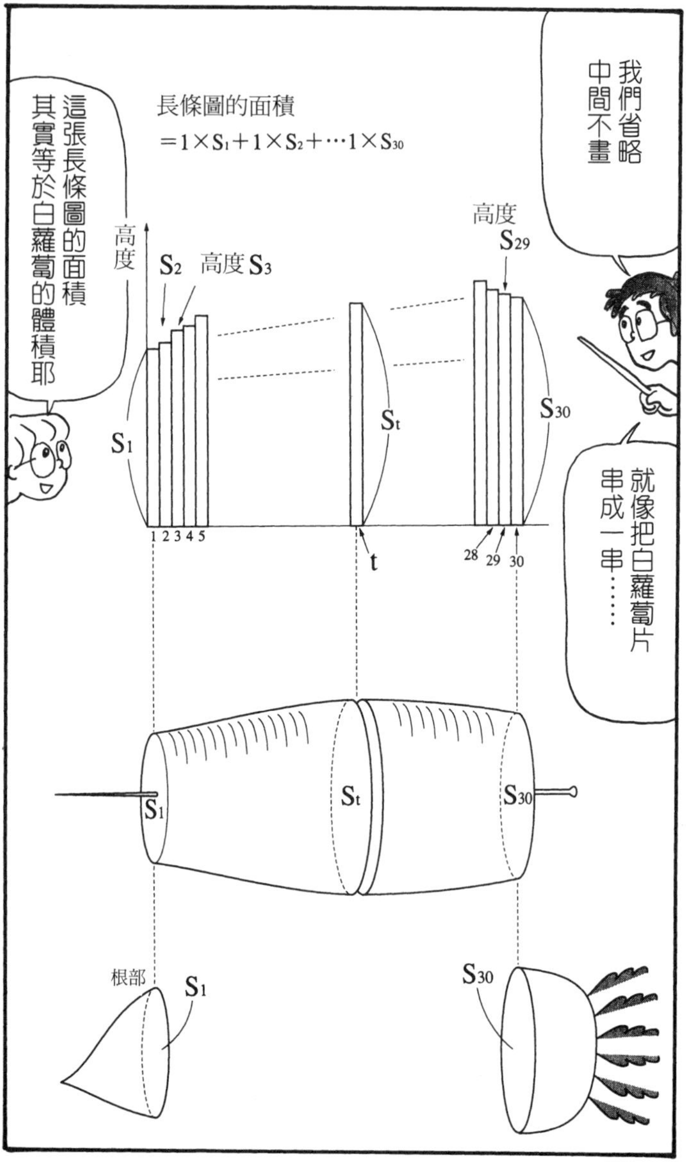

我們省略中間不畫
這張長條圖的面積其實等於白蘿蔔的體積耶
長條圖的面積
＝1×S1＋1×S2＋…1×S30
高度
S2
高度S3
高度S29
S1
St
S30
1 2 3 4 5
t
28
29
30
就像把白蘿蔔片串成一串……
S1
St
S30
根部
S1
S30

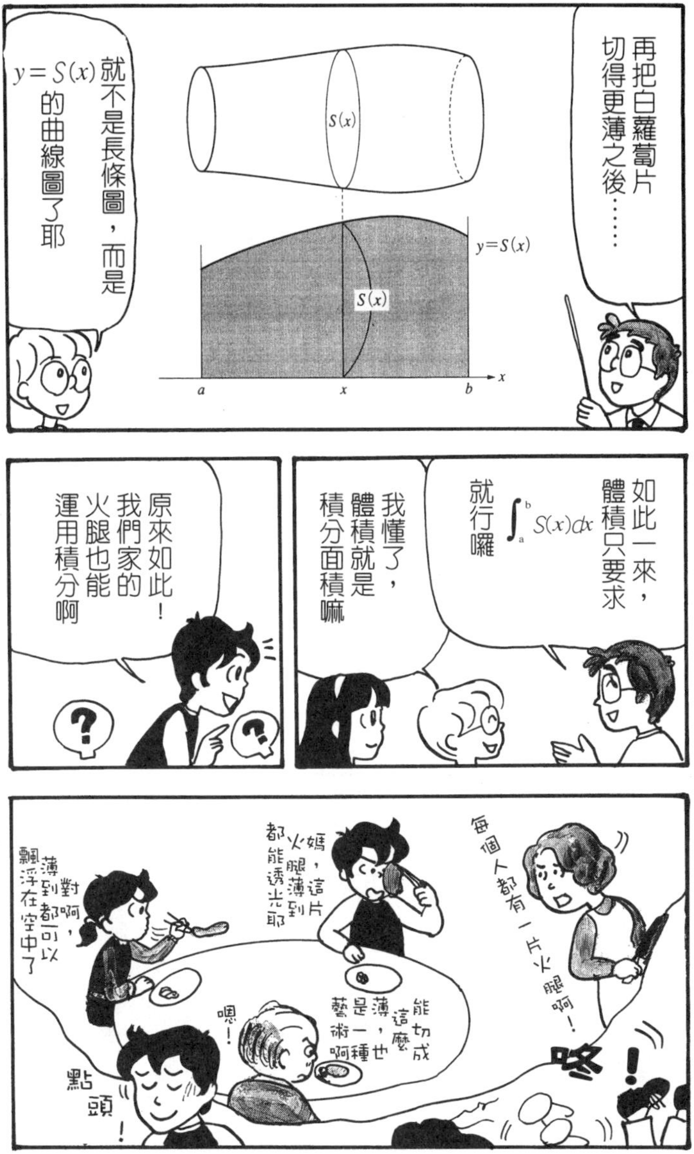
再把白蘿蔔片切得更薄之後……
$S(x)$
$y=S(x)$
$S(x)$
a
x
b
x
就不是長條圖，而是 $y=S(x)$ 的曲線圖了耶
如此一來，體積只要求 $\int_a^b S(x)dx$ 就行囉
我懂了，體積就是積分面積嘛
原來如此！我們家的火腿也能運用積分啊
每個人都有一片火腿啊！
咚！
媽，這片火腿薄到都能透光耶
對啊，薄到都可以飄浮在空中了
能切成這麼薄，也是一種藝術啊
嗯！
點頭！

旋轉體的體積

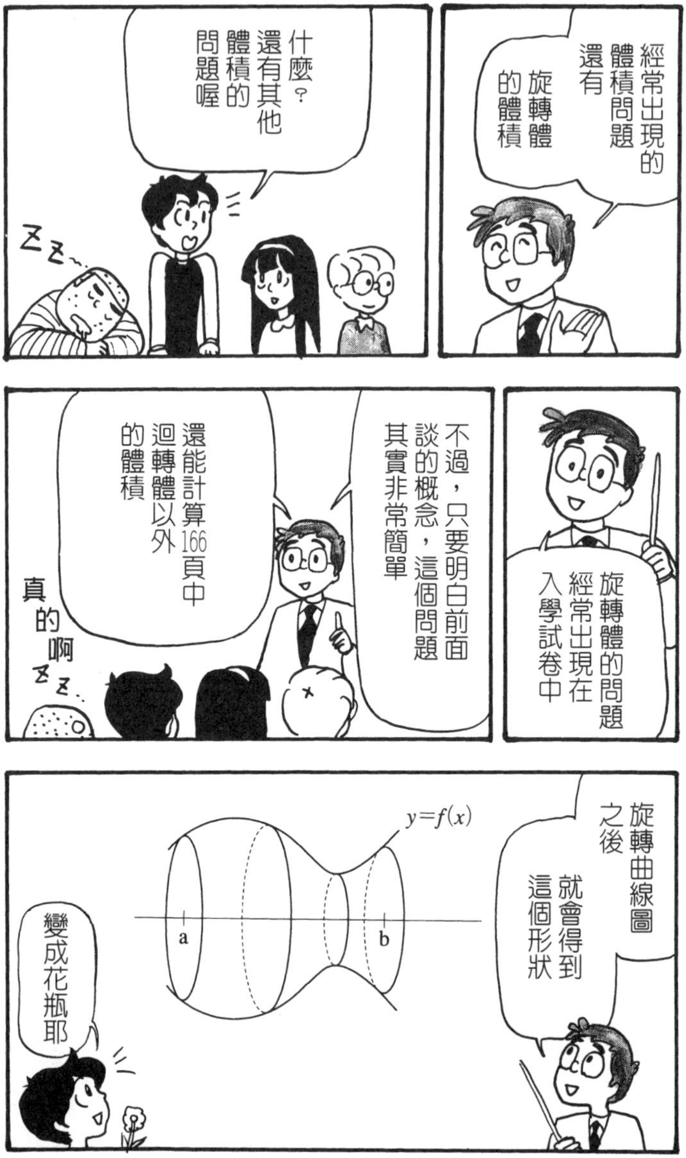
經常出現的體積問題還有
旋轉體的體積
什麼？還有其他體積的問題喔
Z Z ~
旋轉體的問題經常出現在入學試卷中
不過，只要明白前面談的概念，這個問題其實非常簡單
還能計算166頁中迴轉體以外的體積
真的啊
Z Z ..
旋轉曲線圖之後
就會得到這個形狀
y=f(x)
a
b
變成花瓶耶

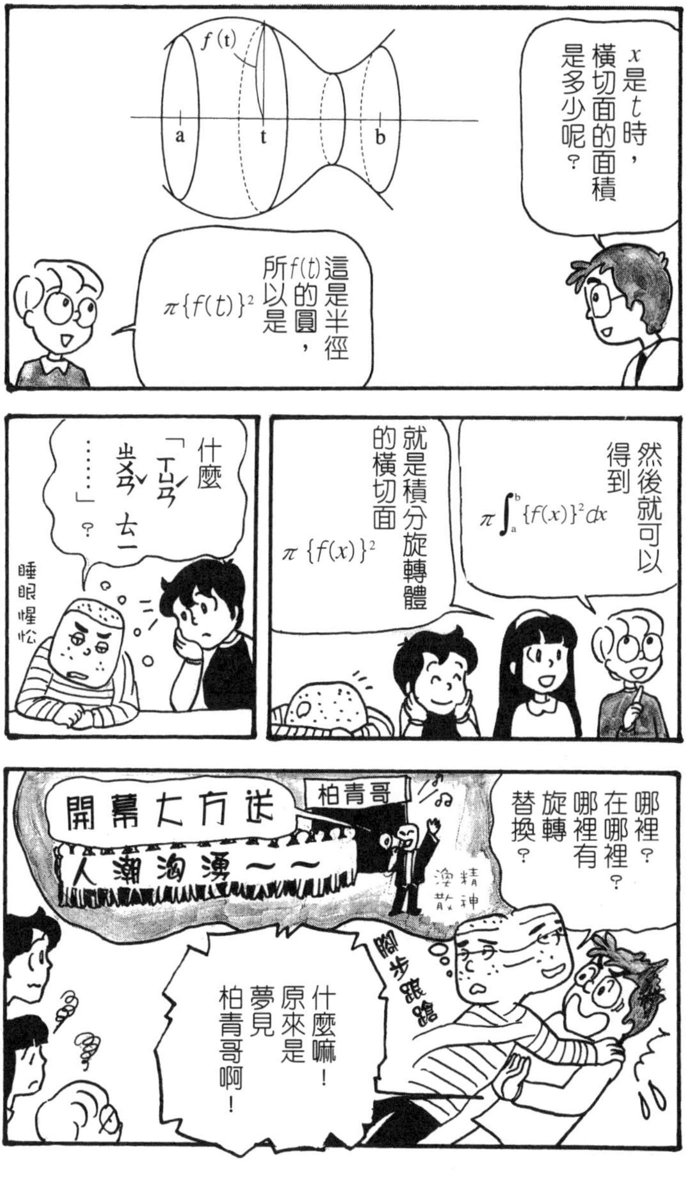
f(t)
a
t
b
x是t時，橫切面的面積是多少呢？
這是半徑f(t)的圓，所以是 $\pi\{f(t)\}^2$
然後就可以得到 $\pi\int_a^b\{f(x)\}^2dx$
就是積分旋轉體的橫切面 $\pi\{f(x)\}^2$
什麼「ㄒㄩㄢˊ ㄓㄨㄢˇ ㄊㄧ……」？
睡眼惺忪
柏青哥
開幕大方送
人潮洶湧～～
精神渙散
哪裡？在哪裡？哪裡有旋轉替換？
腳步踉蹌
什麼嘛！原來是夢見柏青哥啊！

基本定律

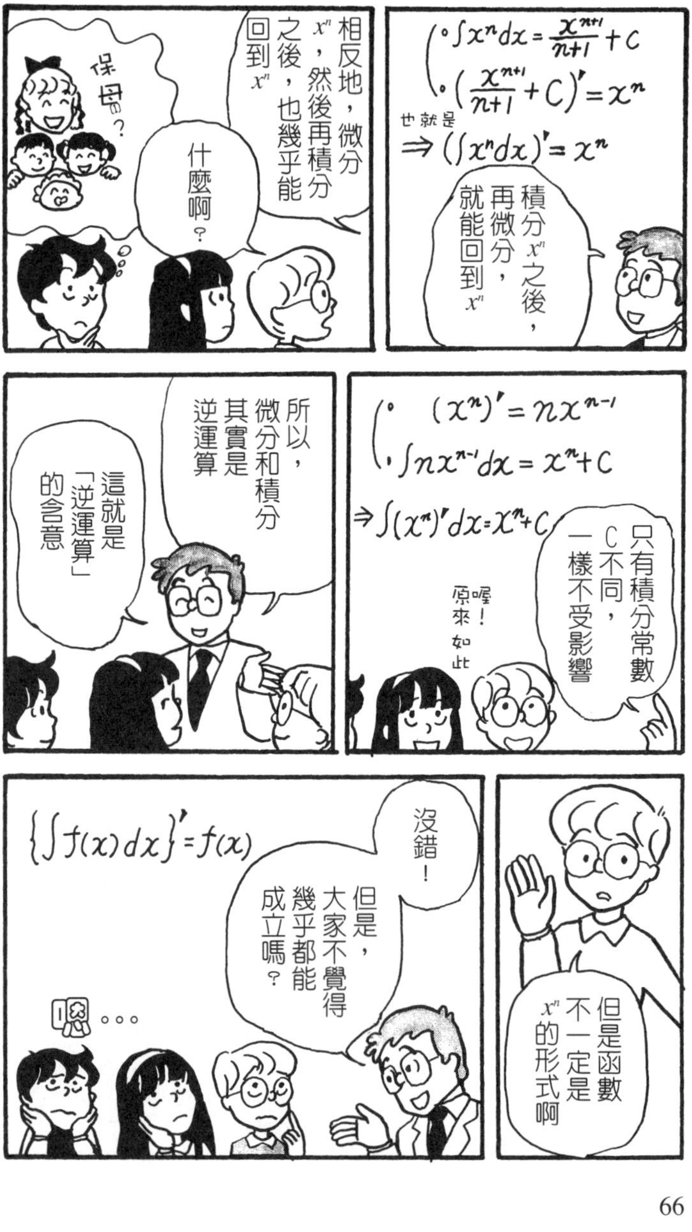

$\int x^n dx = \frac{x^{n+1}}{n+1} + C$
$\left(\frac{x^{n+1}}{n+1} + C\right)' = x^n$
也就是
$\Rightarrow \left(\int x^n dx\right)' = x^n$
積分x^n之後，再微分，就能回到x^n
相反地，微分x^n，然後再積分之後，也幾乎能回到x^n
什麼啊？
保母？
$(x^n)' = nx^{n-1}$
$\int nx^{n-1} dx = x^n + C$
$\Rightarrow \int (x^n)' dx = x^n + C$
只有積分常數C不同，一樣不受影響
喔！原來如此
所以，微分和積分其實是逆運算
這就是「逆運算」的含意
但是函數不一定是x^n的形式啊
$\left\{\int f(x) dx\right\}' = f(x)$
沒錯！
但是，大家不覺得幾乎都能成立嗎？
嗯…

能以全部函數成立
就是「微分和積分的
基本定律」
$\left(\int f(x)dx\right)' = f(x)$
既然「基本」，
一定
很簡單啦
千萬別誤
會！數學的
「基本定律」
其實是「最
重要定律」
真的啊～～
但是，
同學們請放心，
這些概念都不難
呼～
提出證明的人
是牛頓
所以也可以
稱為牛頓定律囉？
雖然如此，
但是其中
有些複雜
的原因※
小凡，
你怎麼
在發呆？
※請見133頁的說明
照燒
豬肉
啊…
口水都
流出來了

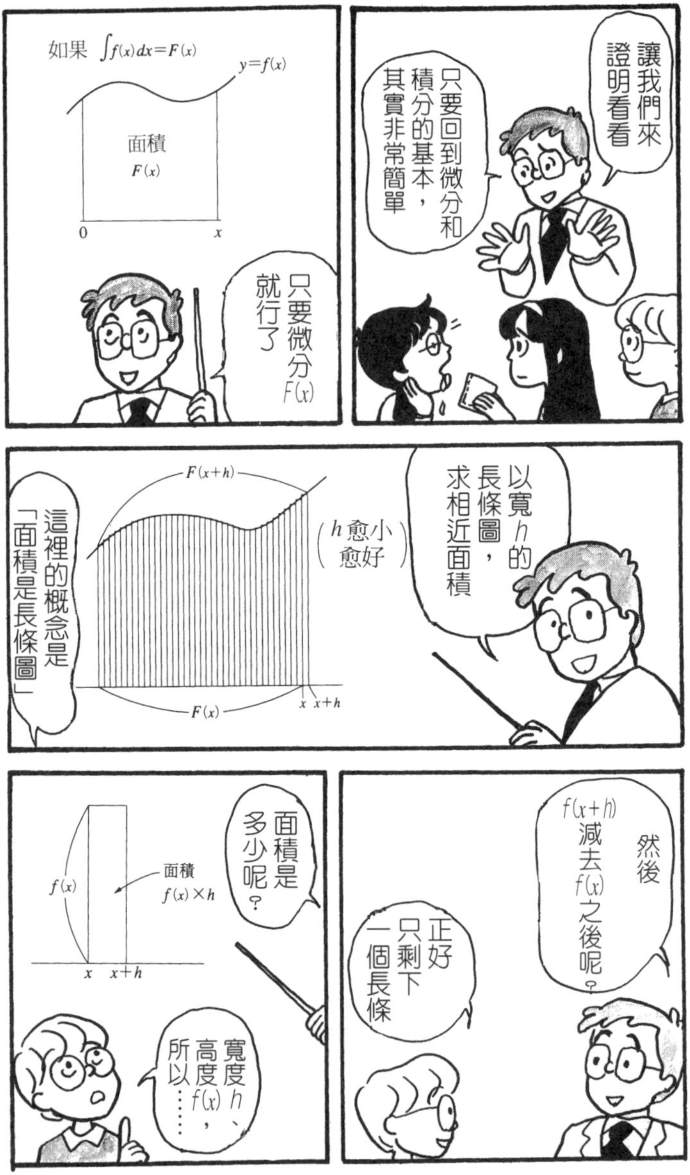
讓我們來證明看看
只要回到微分和積分的基本，其實非常簡單
如果 ∫f(x)dx=F(x)
y=f(x)
面積
F(x)
0
x
只要微分F(x)就行了
以寬h的長條圖，求相近面積
(h愈小愈好)
F(x+h)
F(x)
x x+h
這裡的概念是「面積是長條圖」
然後
f(x+h)減去f(x)之後呢？
正好只剩下一個長條
面積是多少呢？
面積
f(x)×h
f(x)
x x+h
寬度h、高度f(x)，所以……

然後套用到F'(x)之後…
流暢
F'(x)=
$F'(x)=\lim_{h\to 0}\frac{F(x+h)-F(x)}{h}=\lim_{h\to 0}\frac{f(x)\times h}{h}=f(x)$
如何呢？
的確會變成這樣耶
積分的計算來自微分
所以非常方便
哇～
哇喔～
噹～噹～
今天的課上到這裡…
嗯？
啪
數學
今天真是大豐收啊！
考試結束之後
職員室
打擾了
積分下列函數
1. x^n
(答)
x^n
你的答案怎麼寫成這樣？
喔，我利用基本定律啊
積分下列函數
1. x^n
再微分
(答)
x^n
老師，請看清楚。因為是逆運算，解法非常簡單啊
哪有學生擅自竄改題目的！

解說

大家從小學開始，一定畫過非常多次圖表吧。大家是否想過「爲什麼要畫圖表，眞是麻煩透頂」！如果不知道畫圖表的理由，肯定非常討厭這門功課。其實，畫圖表的動機是非常重要的，甚至能夠決定教材是否獲得學生青睞。

第一章出現幾個深具意義的圖表。這些用在自然科學、運動、經濟等各領域的圖表，主要是爲了導出法則、原理和訓誡。

微分和積分最能有效分析這些圖表。簡單說，微分和積分各自扮演的角色是：「微分是在圖表上畫切線的作業」，「積分是計算被曲線包圍部分的面積」。但是，一定有人質疑：「咦？微分不是積分的逆運算嗎？」的確，目前的高中教科書以這種說法爲主流。因爲這種說法比較輕鬆易解。但事實上，這種說法反而容易使積分更難理解。我懷疑從前以爲微分和積分「只是計算」的原因之一，就是受到教科書的影響。在後面的章節中，將搭配數學史來做說明。請注意，「微分的逆運算——積分」，其實比微分早誕生了兩千年。

此外，微分和積分爲「逆運算」，是經過牛頓和萊布尼茲證明的「基本定律」。

註釋

1 「幾乎」和「保母」日語發音相同。

如果能夠了解微分是怎麼發現的，就可以更深入理解微分的意義，以及微分為什麼比積分晚出現，並且體認數學與社會動向絕對有著密不可分的關係。

第三章　為什麼微分比較晚出現？

——微分的前史——

為了微分

我們之前提過阿基米德
啊！就是那個光屁股大王…
除了光屁股亂跑之外，他還做了什麼事呢？
你總是只記得沒有關係的事
他在西元前3世紀發明了積分。同學們，猜猜看微分是什麼時候出現的呢？
在積分之前嗎？
因為積分比較晚才學到啊
NO！微分是在兩千年之後才出現的
哇！
微分是圖表的切線，所以，還有什麼是必要的呢？
嗯…
當然是不丟臉的圖表囉
100
建中
小凡
0
倒～

我的問題是怎麼畫圖表！
當然需要紙和鉛筆啊
不對啦！需要電腦啦
焦躁
我問的不是需要什麼文具！是問數學概念啦！
我知道了！需要座標
分數
100
0
○月×日
△月□日
原來如此啊，老師的問題好無聊喔
問了等於白問嘛
啪！
一點也沒有白問！
因為座標是在17世紀以後才出現的！
什麼～

據說座標是笛卡兒發現的，大家來比較一下他和阿基米德
兩個人半斤八兩吧
嗯……
大屁股[1]
光屁股
不對，不對！兩人時代相差了兩千年
喔～
笛卡兒
1596-1650
著作《方法論》的名言「我思，故我在」
據說笛卡兒在多瑙河畔的露營地做夢時，得到座標概念的靈感
真的啊～
打鼾聲～
喂！又在打瞌睡做白日夢！
啪！
夢話
嗯啊

據說他夢見蜘蛛在天花板上爬行，因而想到座標
啊！我想到了！
好痛喔～～
喔～
所以，馱南高中真是一所環境不錯的高中耶
快看！會走直線耶
哇！蟑螂！
你們看看
$y=x$ 呀

培育數學之父是必要的

笛卡兒從軍時發現座標，不過這件事並非偶然
長久以來，除了《聖經》之外，歐幾里得的《幾何原本》也是永遠的暢銷書，兩本書都又厚又難懂
第一名
聖經
第二名
幾何原本
為什麼呢？
難懂說不定是一件好事……
內容難懂就會打瞌睡，厚書剛好拿來當枕頭
倒！
對了，我平常都用日語大辭典當枕頭喔
我的枕頭是蕎麥殼
等等！現在不是在討論枕頭啊！
咦？書還有哪種用途？
但是不能吃啦

＊作圖時，規定直尺只能畫直線，而非用來測量

長久以來，這項幾何學深深影響歐洲
可是到了近代，這項幾何學不再有影響力
一直用就好啦，為什麼要變呢？太麻煩了～
大砲射程愈來愈精準，而且天文學等物理學愈來愈興盛
大砲的砲彈軌跡呈拋物線，天文學上則常出現橢圓軌跡
其實呢……阿基米德和阿波羅尼奧斯的拋物線及橢圓研究，一度超越《幾何原本》……
↑ 阿基米德投石器：
因為現實需要吧
利用兩根木頭作為投射彈弓

不過，歐洲終究還是回歸了《幾何原本》
阿基米德和阿波羅尼奧斯的學說只流行了一段時間嗎？
為什麼呢？
沉思……
應該說，阿基米德和阿波羅尼奧斯早已超越時代潮流……
嗦—嗦—
嗯？
嘩~嘩~
嗯~嗯~
嚼~嚼~
阿郎，你怎麼可以提早吃便當？
糟了
我一向領先潮流啊
天才總是懷才不遇嘛
發抖……

幾何學和代數學的統合

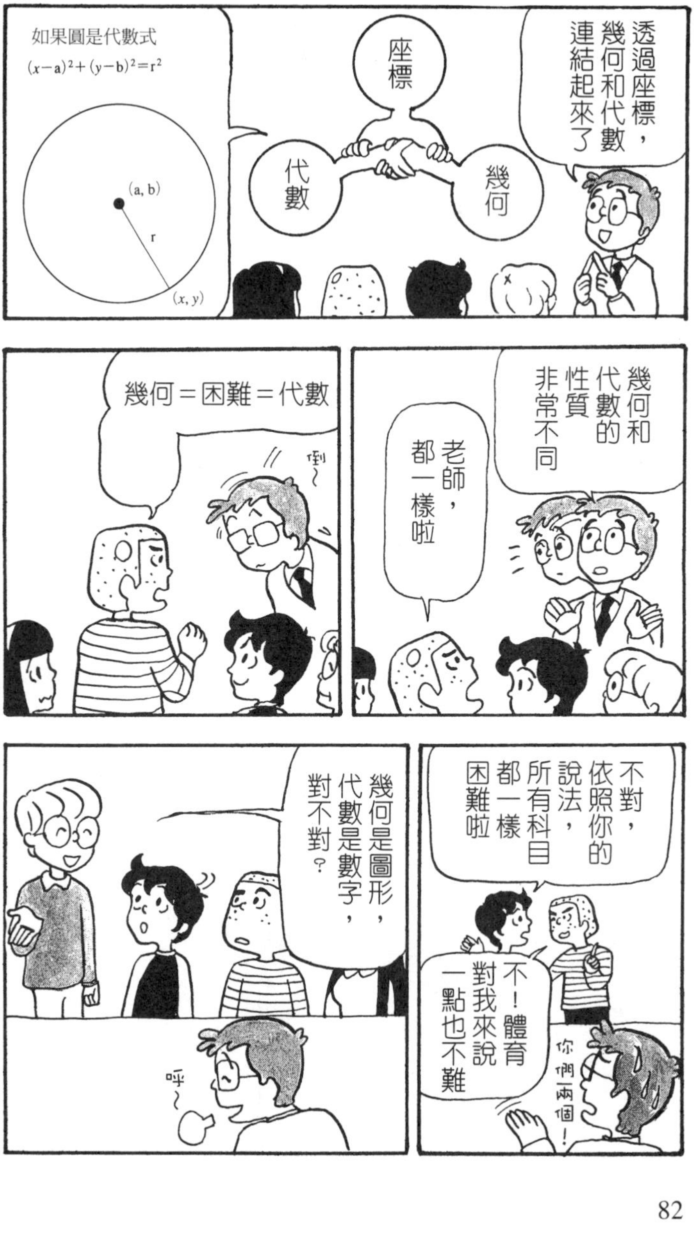
透過座標，幾何和代數連結起來了
座標
代數
幾何
如果圓是代數式
$(x-a)^2+(y-b)^2=r^2$
(a, b)
r
(x, y)
幾何和代數的性質非常不同
老師，都一樣啦
幾何＝困難＝代數
倒~
不對，依照你的說法，所有科目都一樣困難啦
不！體育對我來說一點也不難
你們兩個！
幾何是圖形，代數是數字，對不對？
呼~

連結性質不同的物質，通常能夠獲得意想不到的美妙結果
不僅數學如此，其他學問也一樣
同學們能舉出實例嗎？
我知道
例如植物，紮根很深的野玫瑰，結合能夠開出漂亮花朵的玫瑰
沒錯，很好
我也知道有一種叫「番鈴薯」的作物
番茄
馬鈴薯
果然是現實派
我也可以運用在唸書上
語言學和機率
好厲害喔
碰！門同平(2)
(中文？→)
看來機率太低了
嘿嘿嘿

讓我們區分清楚幾何和代數的不同
幾何是圖形，代數是數字或方程式
所以特徵是什麼呢？
嗯—
嗯……幾何的話，我不會畫圖；代數的話，我只會計算錯誤，差不多吧……
等……等等……
我想應該是圖畫得不太正確也沒關係
但是計算錯誤，就會被打叉
代數 嚴密 正確性高
幾何 直覺 容易判讀
沒錯，你說得對！

例如，這種代數式很難釐清條件……
我想想……
以幾何計算，能夠釐清條件
$x-1 \leqq \sqrt{x+1}$
(A) $x-1 \geqq 0$ 時
(B) $x-1<0$ 時
相反地，以代數計算幾何，就不會有疏漏了
$y=x-1$
$y=\sqrt{x+1}$
-1
3
因為交叉點是
$(x-1)^2=x+1$
所以 $x=3$
如圖
$-1 \leqq x \leqq 3$
如此一來，新數學「解析幾何」就誕生了
喔～～
對了！
我希望老師充分運用幾何的直覺概念
這種幾何證明不是很高明嗎？
問題
如圖，AB = AC時，證明 BD = CE
A
E
D
B
C
(答)
看起來就是一樣長，所以得證
阿郎
阿郎
我就知道又是雞同鴨講

費馬的成就

笛卡兒是座標創始者，有很高的歷史評價
現今使用的直角座標甚至稱為「笛卡兒座標」
笛卡兒座標
因為座標而得到高評價啊
不過，費馬幾乎同時間也想到座標的概念
ㄈㄟ ㄇㄚ~~~
費馬 1601-1665
除了微分和積分之外，還有多項代數相關成就
對曲線或直線的概念比笛卡兒更有系統，而且更簡單易懂
費馬的成就獲得許多數學史家的高度評價
真的啊~
不過，因為笛卡兒先出版了關於記號的傑出作品
只因為搶先了一步？

因為費馬只把數學研究當作興趣
喔～
我知道了！
啪！
費馬是被虐狂！
這個夠難了吧！
$x^n+y^n=z^n$
請再難一點～讓我更痛苦吧♡
求求你
亂七八糟！數學是非常快樂的學問
甚至可以稱為「數樂」
靜～～
所以，老師也覺得音樂是快樂的學問囉
嗚…

不～老師實在不懂音樂
我也不了解數字啊
總之～
費馬只把數學當作興趣，所以沒有留下著作
這項很著名的費馬大定理，其實是寫在古典數學書中空白的地方
哇～～
費馬大定理
$x^n + y^n = z^n$
($n \geqq 3$, x, y, z, n為自然數)
無法成立 但是
n＝2 時則成立
$3^2 + 4^2 = 5^2$
$5^2 + 12^2 = 13^2$
⋮
空白處寫著非常有名的話
「我證明了一項偉大的理論，但是空白處太小，寫不下了」
沒有地方寫了啦～
嗚～
後來驗證他確實證明了這項理論
證據確鑿
喔～
喔～

只是非常可惜，沒有多餘的空白處讓他寫完
老師！我也有同樣的經驗
小凡大定理?!
沒有紙的時候，真是叫天天不應，叫地地不靈啊
WC
幫我拿卷衛生紙啊～！
靜～～
倒
你又扭曲我的話……
是嗎？
費馬還以座標分析曲線

費馬為了分析曲線，在曲線上畫上切線
笛卡兒呢？
笛卡兒也曾經研究切線啊
大砲筒就像是砲彈拋物線的切線呀
拋物線
切線
沒錯，沒錯
所以，笛卡兒的確是微分的創始者之一
之一？
因為費馬先研究出來了

費馬不是只在曲線上畫切線而已
難道還綁起來嗎？
原來是虐待狂
啪
他還分析切線變化的極大值和極小值
古米[3]？新米？？？
極大值或極小值是表示切線斜率為0時
費馬註明是和緩變化
當然囉！因為是費馬發明的嘛
因為增增減減之間，會耗「費馬」力嘛
倒
為了儲存馬力，我能吃就吃

微分是抽象的

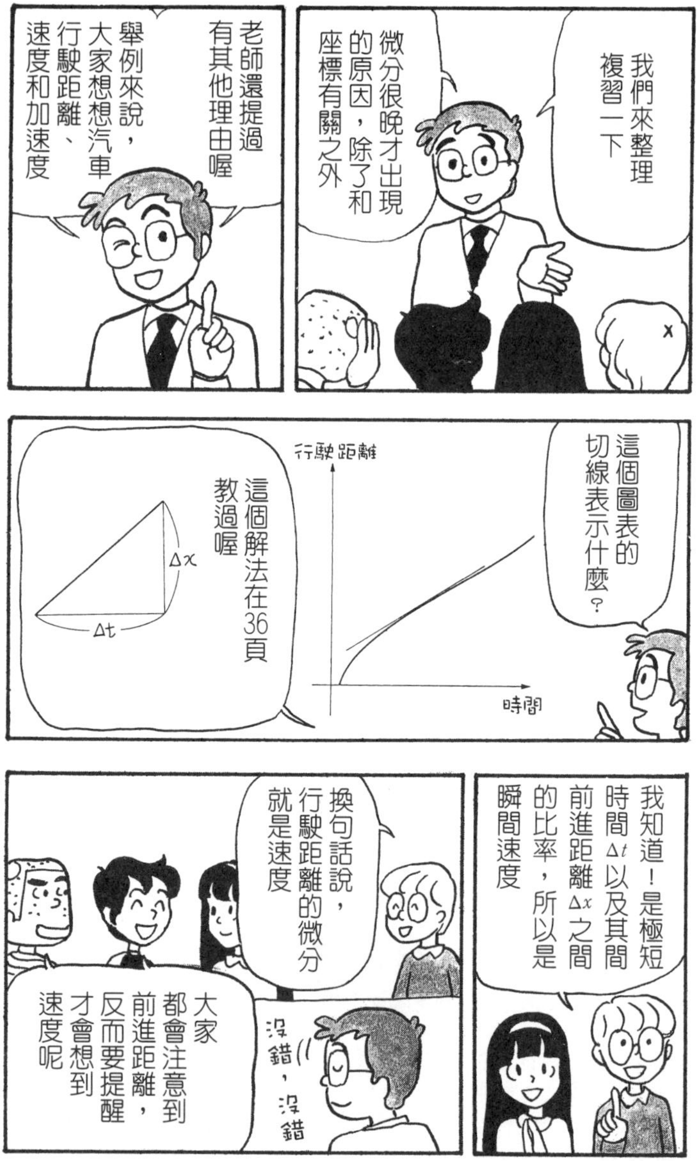

我們來整理複習一下
微分很晚才出現的原因，除了和座標有關之外
老師還提過有其他理由喔
舉例來說，大家想想汽車行駛距離、速度和加速度
這個圖表的切線表示什麼？
行駛距離
時間
這個解法在36頁教過喔
Δx
Δt
我知道！是極短時間Δt以及其間前進距離Δx之間的比率，所以是瞬間速度
換句話說，行駛距離的微分就是速度
沒錯，沒錯
大家都會注意到前進距離，反而要提醒才會想到速度呢

暑假第一天
小凡！暑假作業要每天照進度寫啊
好啦
最後一天
媽媽早就警告你了
只要寫完就好，隨便什麼進行方法都行……
不准打瞌睡
作業
說得也是……
焦躁
原稿
作者
這是在挖苦我嗎？
不過進行方法也是一個問題啊
結果還是沒寫完
沒錯！
撞到之後，才知道速度的重要性
好痛啊
哈哈哈
原來如此！
天啊～

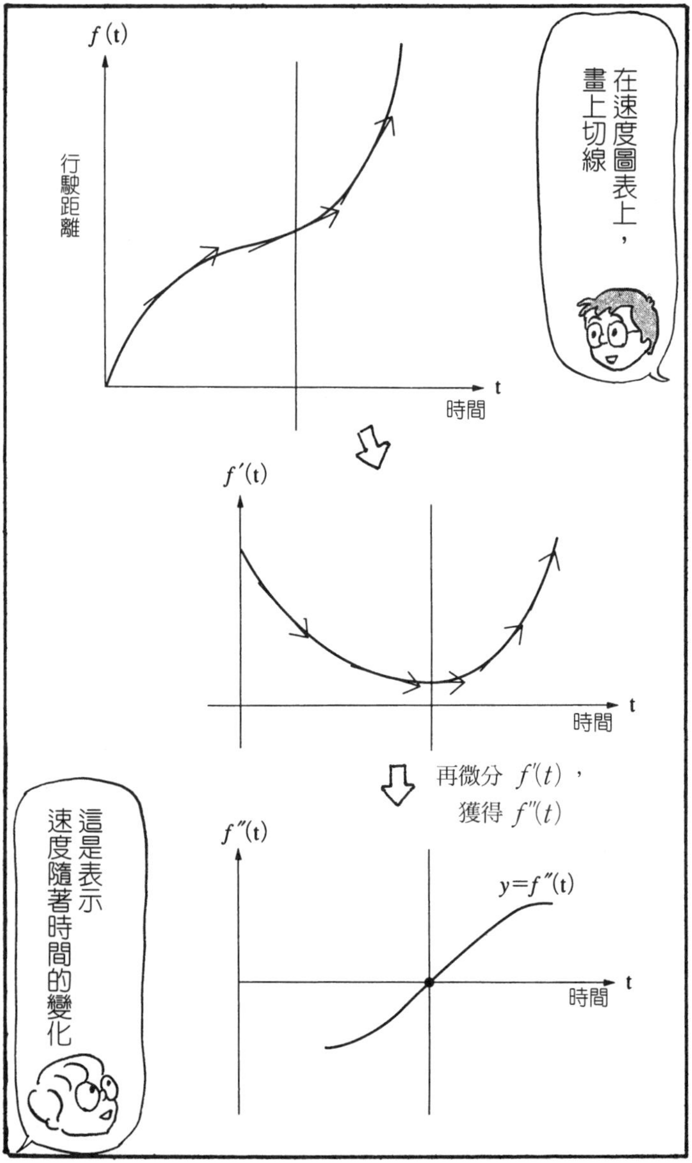

在速度圖表上，
畫上切線
f(t)
行駛距離
t
時間
f′(t)
t
時間
再微分 f′(t)，
獲得 f″(t)
f″(t)
y=f″(t)
t
時間
這是表示
速度隨著時間的變化

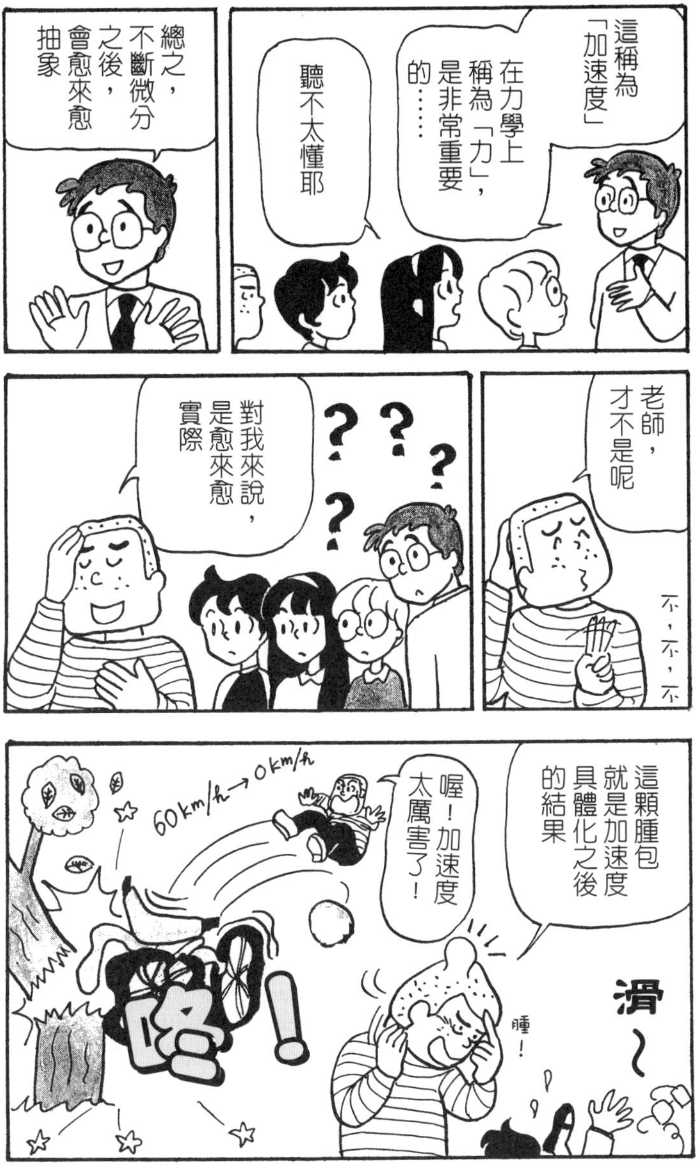
這稱為「加速度」
在力學上稱為「力」，是非常重要的……
聽不太懂耶
總之，不斷微分之後，會愈來愈抽象
老師，才不是呢
不，不，不
對我來說，是愈來愈實際
這顆腫包就是加速度具體化之後的結果
喔！加速度太厲害了！
60km/h→0km/h
咚！
腫！
滑～

解說

爲了深入理解微分和積分的意義，追溯發展軌跡也是非常重要的。因此，本章追溯微分的發展過程。前面章節曾說明微分是「在曲線上畫切線的作業」，從這項說明可以知道微分概念比積分概念晚出現的一個原因。

那就是座標空間的確立。如果只是在曲線上畫切線，只需要在平面上畫出曲線，再畫出鄰接的直線即可。事實上，圓形切線在微分之前就已經開始使用（初級幾何已有「切線和弦所形成的角」定律）。

然而，如果必須「求取曲線上的曲線切線斜率」時，就需要確實的直角座標。

另一方面，積分依舊是「曲線所圍繞的面積」，即使出現座標空間，還是在這個定義範圍內，不受座標空間影響。「微分較晚出現」的另一項原因是，不斷微分函數之後，會愈來愈抽象，不符實際。各位想想，平分一塊餅乾給兩個小

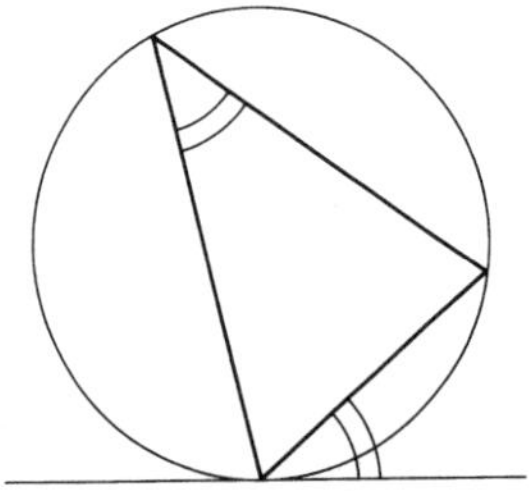

切線和弦所形成的角

朋友時，光是評斷誰分到的餅乾面積比較大，就可以吵翻天了吧，哪還有閒工夫在餅乾形狀的外圍曲線上，再劃上切線。切合實際的例子是速度與行進距離的關係。汽車從A地到B地，車主會思考花費的時間，或是消耗的燃料費等；只要不超速，車主不會考慮瞬間速度的問題，也就是積分之後的總量，對車主才有用處。

本章和下一章也請參照我的著作《構築數學世界的天才　上・下》（数学を築いた天才たち上・下，Blue Backs系列）、《漫畫數學入門》（マンガ数学入門，筑摩書房）。

註釋

1　「笛卡兒」和「大屁股」日語發音相似。
2　麻將用語，「門前」、「同順」、「平胡」的略稱。
3　「古米」和「變化」日語發音相同。

第四章　細分計算面積
——積分概念的發展——

第一章提到，西元前3世紀，阿基米德就已經運用積分的概念。那麼積分後來的發展如何呢？

卡瓦列里的原理

費馬計算積分時，也用 $\int x^n dx$
這項說法在「卡瓦列里的問題應答集」中獲得證實
什麼？卡瓦列里是什麼啊？
卡瓦列里　1598?-1647
伽利略的弟子
促進積分法的萌芽
卡瓦列里發現「平面是由無限多的直線所構成」，也就是面積是線段的總和
大家看，這裡有一張白紙
我們剪開白紙……
喀嚓
喀嚓
並列剪開的長紙條，面積依舊沒有改變

如果再把這些長紙條剪得更細的話，會變成怎樣呢？
每張長紙條如果都等長，面積也會相同
其實這就是積分啊
這就是卡瓦列里原理呀
卡瓦列里原理
又高又瘦的人
又胖又矮的人
如果橫切面長度相同，面積也相同
對，對
喂！小凡，你在做什麼？
喀嚓
喀嚓
住手！
你在做什麼！
卡瓦列里原理真是方便好用
啊！成績單！

剪開了，再黏貼回去就好了嘛
你要設法恢復原狀
被碎屍萬段的成績單
黏來
黏去
這個方法也可以用在立體的情況
接著要教橫切面面積，對不對？
橫切面面積都相同的話，體積也相同
呼～

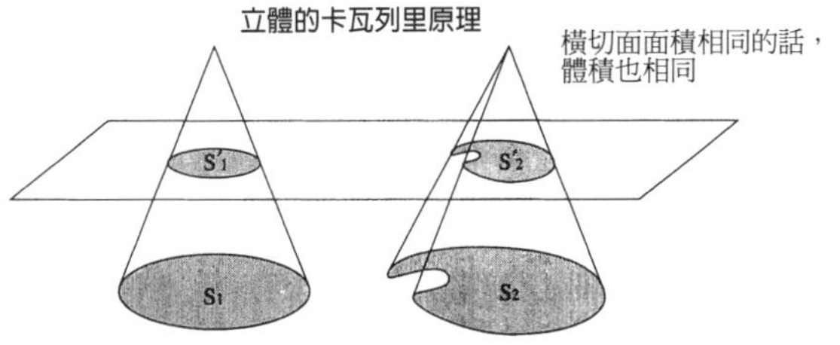

立體的卡瓦列里原理
橫切面面積相同的話，體積也相同

例如：$S_1 = S_2$，圓錐體高度相同的話，體積也相同

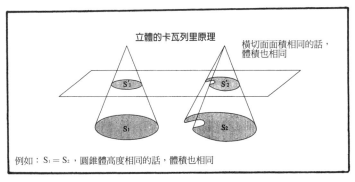

據說，阿基米德也知道這個原理
什麼！在西元前3世紀嗎?!
西元前75年，西塞羅發現並修復他的墓碑
一定很辛苦困難吧
哇～

如圖般並列且比較半徑r和高r的圓錐體、半球體、圓柱體的橫切面

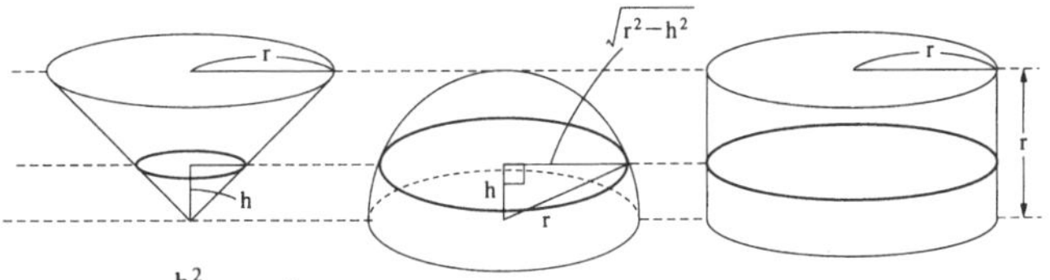

$\pi r^2\times\frac{h^2}{r^2}=\pi h^2$　　$\pi(r^2-h^2)$　　πr^2

（底部和橫切面的相似比是r：h）

※墓碑上寫的其實是關於力學，本書改寫為數學式論述

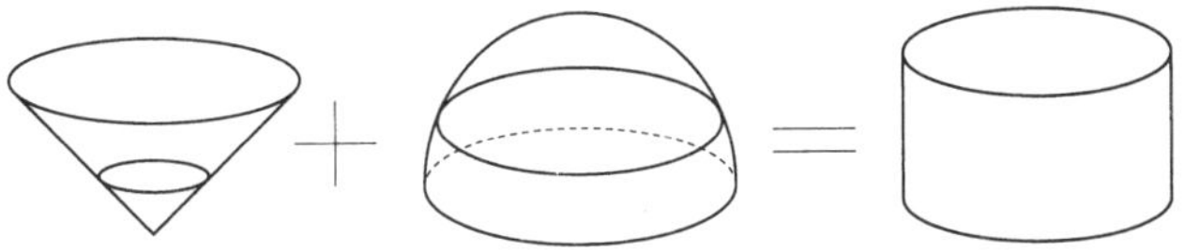

橫切面面積 πh^2　　橫切面面積 $\pi(r^2-h^2)$　　橫切面面積 πr^2

然後

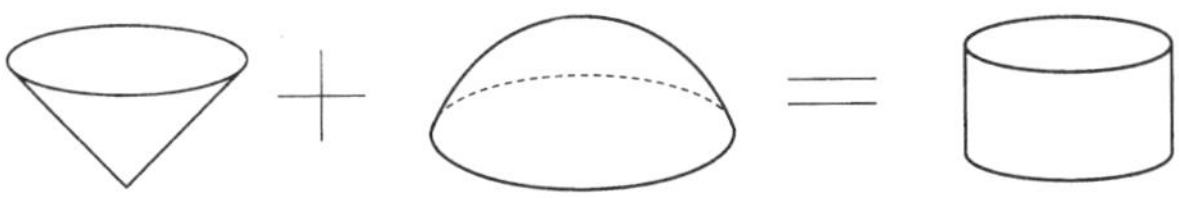

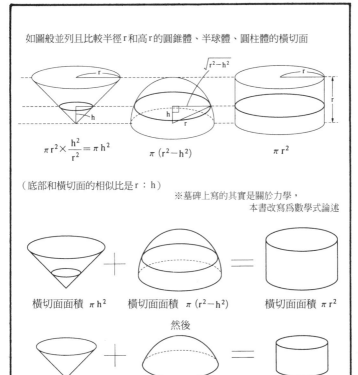

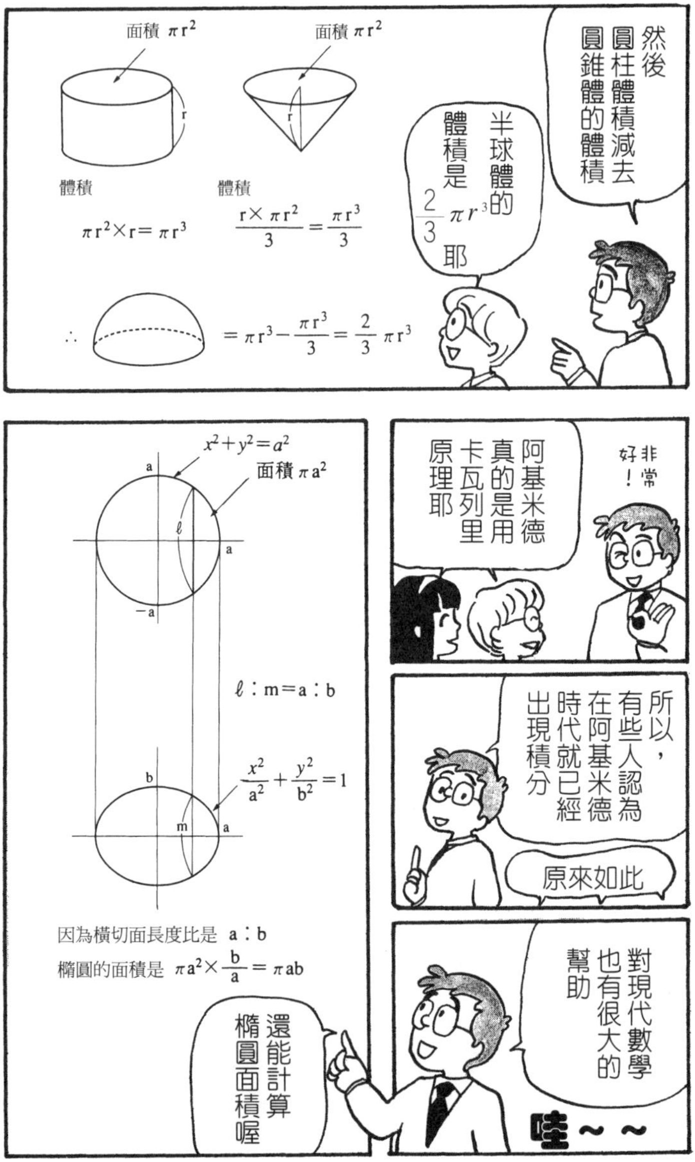
然後圓柱體積減去圓錐體的體積
半球體的體積是 $\frac{2}{3}\pi r^3$ 耶
面積 πr^2
r
體積
$\pi r^2 \times r = \pi r^3$
面積 πr^2
r
體積
$\frac{r \times \pi r^2}{3} = \frac{\pi r^3}{3}$
$\therefore$ $= \pi r^3 - \frac{\pi r^3}{3} = \frac{2}{3}\pi r^3$
非常好！
阿基米德真的是用卡瓦列里原理耶
所以，有些人認為在阿基米德時代就已經出現積分
原來如此
$x^2 + y^2 = a^2$
面積 πa^2
a
ℓ
a
−a
$\ell : m = a : b$
$\frac{x^2}{a^2} + \frac{y^2}{b^2} = 1$
b
m
a
因為橫切面長度比是 a：b
橢圓的面積是 $\pi a^2 \times \frac{b}{a} = \pi ab$
還能計算橢圓面積喔
對現代數學也有很大的幫助
哇～～

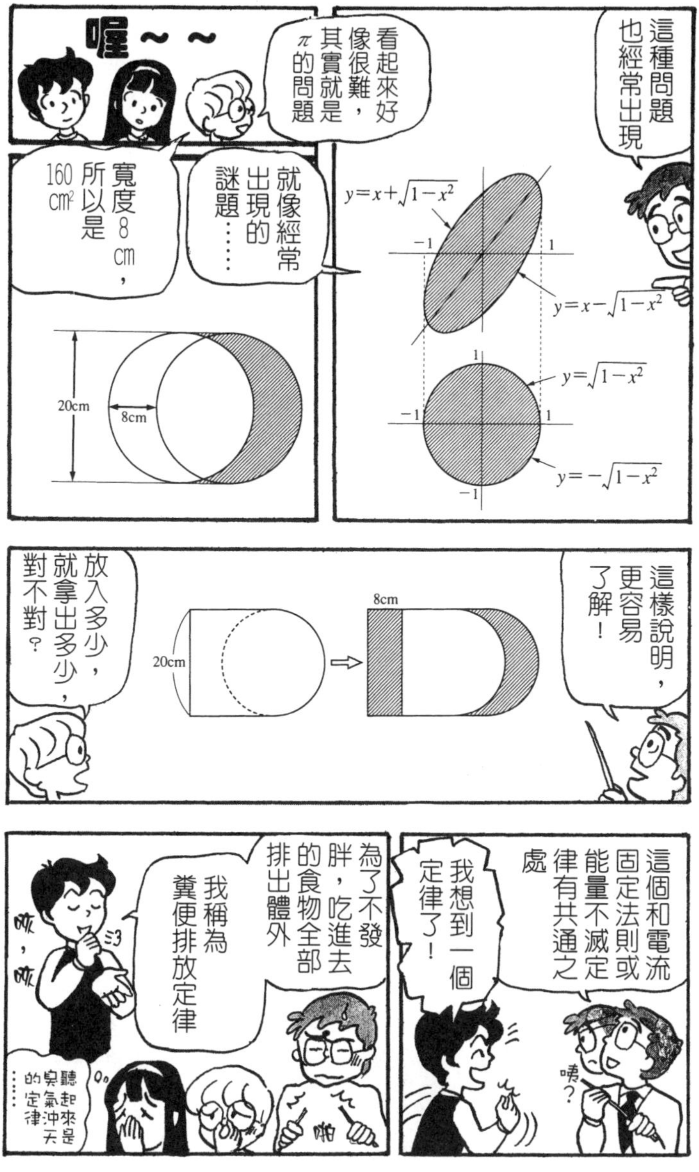
這種問題也經常出現
$y=x+\sqrt{1-x^2}$
$y=x-\sqrt{1-x^2}$
$y=\sqrt{1-x^2}$
$y=-\sqrt{1-x^2}$
看起來好像很難，其實就是π的問題
喔～～
就像經常出現的謎題……
寬度8cm，所以是160cm²
20cm
8cm
這樣說明，更容易了解！
8cm
20cm
放入多少，就拿出多少，對不對？
這個和電流固定法則或能量不滅定律有共通之處
我想到一個定律了！
咦？
為了不發胖，吃進去的食物全部排出體外
我稱為糞便排放定律
咳，咳
聽起來是臭氣沖天的定律……
啪

沃利斯的醫學方法

承繼卡瓦列里思想的是沃利斯
什麼？又是卡瓦，又是沃利，真是怪名字
沃利斯　1616–1703
在積分方面深深影響牛頓
同時活躍於醫學界
大家還記得計算硬幣的方法嗎？
我們在24頁學過
n列
n+1個
$\frac{n(n+1)}{2}$
這次我們不計算硬幣
而是計算小正方形
一個大正方形，分割為n^2個正方形
求$y=x$下的部分的面積
0 1 2 3 4… n

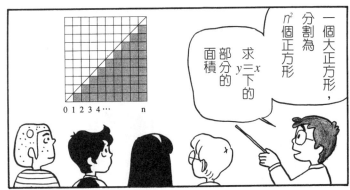

y＝x下的正方形有幾個呢？
總共有$\frac{n(n-1)}{2}$個
n
n−1
1 2
n−1
原來和算硬幣的方式一樣啊
小正方形的面積是$\frac{1}{n^2}$
所以，斜線部分呢？
$\frac{1}{n^2}\times\frac{n(n-1)}{2}$
$=\frac{n-1}{2n}$
$=\frac{1}{2}-\frac{1}{2n}$
嗯……是$\frac{1}{2}-\frac{1}{2n}$
如果縮小小正方形，不改變大正方形
結果呢？
這麼一來，n會愈來愈大囉
然後得到$\frac{1}{2}$
嗯，嗯

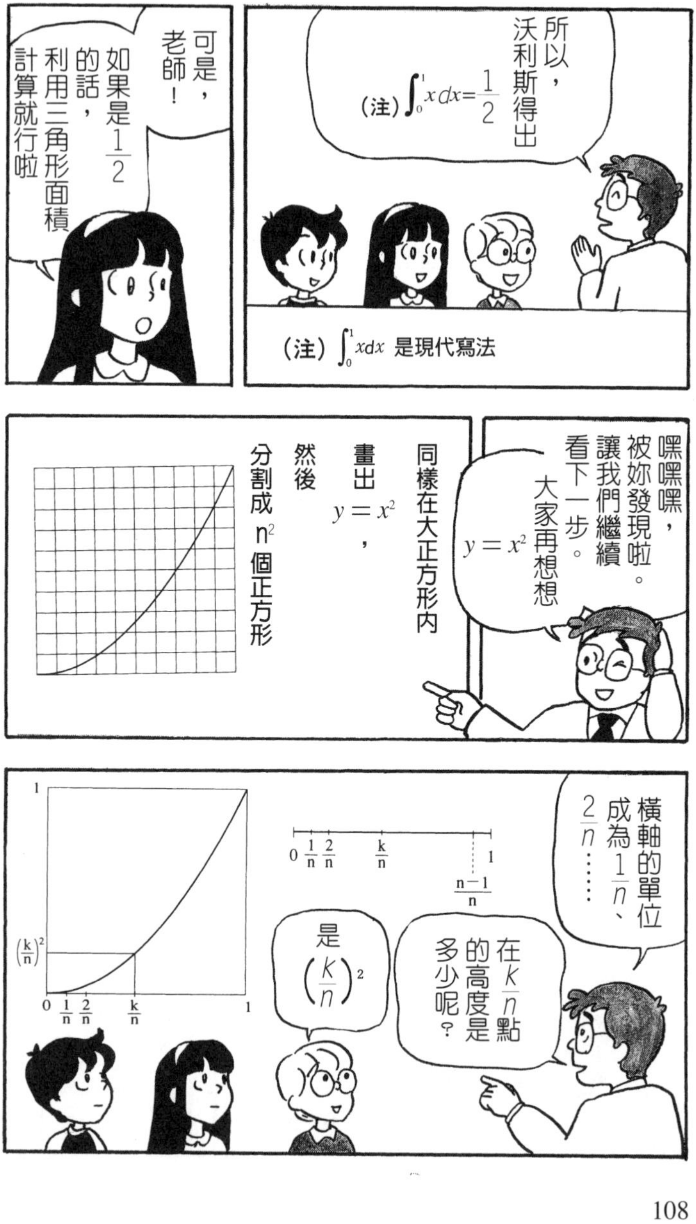
所以，沃利斯得出
(注) $\int_0^1 x\,dx=\frac{1}{2}$
(注) $\int_0^1 x\,dx$ 是現代寫法
可是，老師！如果是$\frac{1}{2}$的話，利用三角形面積計算就行啦
嘿嘿嘿，被妳發現啦。讓我們繼續看下一步。
大家再想想 $y=x^2$
同樣在大正方形內畫出 $y=x^2$，然後分割成 n^2 個正方形
橫軸的單位成為$\frac{1}{n}$、$\frac{2}{n}$……
0 $\frac{1}{n}$ $\frac{2}{n}$ $\frac{k}{n}$ 1 $\frac{n-1}{n}$
在$\frac{k}{n}$點的高度是多少呢？
是$\left(\frac{k}{n}\right)^2$
1 $\left(\frac{k}{n}\right)^2$ 0 $\frac{1}{n}$ $\frac{2}{n}$ $\frac{k}{n}$ 1

高度是$\frac{k^2}{n^2}$，小正方形的每邊是$\frac{1}{n}$
所以約有$\frac{k^2}{n}$個正方形
全部加起來之後，就可以得到面積
嗯，一個正方形的面積是$\frac{1}{n^2}$，所以……
$\frac{1}{n^2}\left(\frac{1^2}{n}+\frac{2^2}{n}+\cdots+\frac{n^2}{n}\right)$
$=\frac{1}{n^3}\left(1^2+2^2+\cdots+n^2\right)$
其實這是數列問題
$1^2+2^2+\cdots+n^2=\frac{n(n+1)(2n+1)}{6}$
這是公式
但是，沃利斯不是用這個公式
$n=2$ 時　$\frac{1^2+2^2}{2^3}=\frac{5}{8}=\frac{1}{3}+\frac{1}{4}+\frac{1}{24}$
$n=3$ 時　$\frac{1^2+2^2+3^2}{3^3}=\frac{14}{27}=\frac{1}{3}+\frac{1}{6}+\frac{1}{54}$
$n=4$ 時　$\frac{1^2+2^2+3^2+4^2}{4^3}=\frac{30}{64}=\cdots$
用剛才的公式，就成為$\frac{1}{3}+\frac{1}{2n}+\frac{1}{6n^2}$
……嗯，同學們是否發現愈來愈趨近$\frac{1}{3}$呢？

然後，可以得到 $\int_0^1 x^2 dx=\frac{1}{3}$
哇～～
然後，就得到結論 $\int_0^1 x^m dx=\frac{1}{m+1}$
更厲害的是把 $\sqrt[p]{x}$ 化為 $x^{\frac{1}{p}}$ 得到 $\int_0^1 x^{\frac{1}{p}} dx=\frac{p}{p+1}$
哪裡厲害呢？
在這之前，x^2 或 x^3 被視為和 $\sqrt[3]{x}$ 是完全不同的
現在則是完全相同的意思
的確如此耶，雖然在基礎解析中學過 x^2 或 x^3，卻沒有學過 $\sqrt[3]{x}$ 呢
這些幾乎都是現代積分了
對呀
為什麼沃利斯能獲得那麼大的進展呢？

好問題！據說，沃利斯最初想計算圓的積分
是 $4\int_0^1\sqrt{1-x^2}\,dx$
如果計算成功，就可以得出圓周率
這個圓形面積是 π
$y=\sqrt{1-x^2}$
y
x
1
−1
1
−1
沃利斯利用這個方法，證明圓周率 π 的計算式
沃利斯的公式
$\frac{\pi}{2}=\frac{2\times2\times4\times4\times6\times6}{1\times3\times3\times5\times5\times7\cdots}$
分子是偶數平方相乘
分母則是奇數平方相乘
這個公式的解法全靠直覺和推測，非常不容易了解
是～嗎？
沃利斯的直覺和推測方法源自他的經歷
什麼經歷呢？

他認為「數學是貿易商人的無聊會計實務」，所以轉而研究醫學
你的腦袋很糟糕
其實，哈維的血液循環論是沃利斯介紹的喔
這是一項劃時代的學說，證明體內血液循環，以便供給養分
簡單地說，
你的腦袋缺乏血液循環
哇～～
然後，他發現數學其實是非常有創造性的學問，又回頭研究數學
喔～
所以，他的證明方法運用醫學經驗
而且深深影響牛頓
原來如此啊

這麼說，我也一樣呢！
阿…阿郎，你怎麼突然……
嘿嘿
就算我不懂解法，還是會答對……
?
你是指作弊啊……?!
啊!
而且還會強硬要求有用物品必須輪流循環……
快點！老師正好背對我們，快點給我看！
今天大家都很認真作答……
我命名為「答案循環論」
原來如此啊…

巴洛的波折人生

除了沃利斯之外，巴洛也深深影響牛頓喔！
巴洛　1630-1677
不同於沃利斯的研究方法
他從幾何學角度研究微分
和積分的關係
據說，他的外表看起來不像一般傳統的數學家
反而像個海盜之流的大老粗
啪～囉～
的確不像呢
沒錯，沒錯
我覺得數學老師也可以稱為海盜耶
說得也是！每次都強求我們計算難題，而且總是打扮邋遢……
嗚嗚……
別計較 別計較
作者
總之呢，他並非影響牛頓的外表裝扮
咳咳

他鑽研微分和積分的基本定律
67頁講過呢
所以應該稱為「巴洛定律」囉
不過，他的方法艱澀難懂，他自己都承認是靠牛頓協助完成關鍵部分
67頁的複雜原因原來還有後續啊……
巴洛的最大功勞
其實是讓出教授寶座給牛頓
先不管他是否另有所圖……
請上座，我另謀高就
校長寶座
教授寶座
不好意思啊
巴洛讓位本來就是應該的嘛
新豬一定比老馬[1]值錢嘛
倒~
原來如此~

解說

第三章提及積分概念誕生於西元前3世紀。但是，發展過程並非一帆風順。原因之一是歐洲數學進入黑暗時代。此外，前一章雖然斷言「不需拘泥於座標空間，也能獲得積分概念」，但事實上，概念的發展依舊需要輔助工具。因此，積分和微分幾乎在同一時期，重新開啓嶄新里程。先驅人物之一就是卡瓦列里。數學史家小堀憲先生嚴詞批評卡瓦列里，認爲「毫無嚴密性可言……方法缺乏普遍性。所以卡瓦列里絕對不是積分法的開拓者」（《100位數學者》〔100人の数学者〕，日本評論社）。然而，我有些許不同的觀點。我認爲，從「平面是無限多平行線的集合」概念發展而來的卡瓦列里原理，無疑是積分的根本概念，而且非常簡單易懂。若提及卡瓦列里原理的嚴密性批評，那麼牛頓的嚴密性其實也有待商榷。因此，本書會適時地運用卡瓦列里原理的方法。

本章登場的人物中，風格最迥異的是巴洛，他的生涯歷經波折，絕非常人所能想像；不過，他廣受讚譽的最大成就是「將教授寶座讓位給弟子」。在數學史中，這是前無古人、後無來者的偉大成就。或許有人認爲「巴洛願意讓位，是因爲他覬覦校長寶座（當時禁止教授同時兼任校長）」。不過，歷史評價無關個人好惡，必須客觀看待。無論眞正動機爲何，如果能夠促成善果，就應該獲得讚譽。相反地，即使是出自善意的行爲（＊），最後卻導致惡果時，仍應該受到批判。「最初的想法是出自好意」並不能作爲推託的理由。從這點來看，巴洛的功績在數學史上絕對值得世人讚賞。

＊所謂行爲不僅包括結果，還包括過程。政治家若以「本意是爲了國民著想」爲由，破壞公約，終會招致「政治背信」的惡果。

註釋

1　「新豬」和「牛頓」日語發音相近，「老馬」和「巴洛」日語發音相近。

第五章　牛頓和萊布尼茲之爭

——微分和積分的完成——

前一章說明了繼阿基米德發展積分之後，微分登場促進積分概念的發展。因此，微分和積分有著密不可分的關係。牛頓和萊布尼茲讓兩者更清楚地區分。但是，微分和積分因而趨近完美無缺了嗎？

不！兩位學者其實熟知這項理論的缺陷，卻繼續使用微分和積分，他們堅持的理由是什麼呢？

敬陪末座的牛頓

終於要進入正題了
牛頓終於出現了
他一定從小就是天才
牛頓
1642–1717
不，他是個早產兒……
哇～
哇～
總之……
雖然牛頓百般不願意，十二歲時還是遵從伯父的建議，進入國王學院就讀
King's school
你要成為頂天立地的紳士！
人家不要啦～～～
滑、滑
他的成績簡直慘不忍睹……
用功唸書！
牛頓
0分
我才懶得理呢
他是倒數第二糟糕放牛班的最後一名
我和牛頓一樣耶

不過，少年牛頓特立獨行，對任何事物都充滿興趣
我也是對任何事物都充滿興趣啊
香腸
例如香腸是否有正反面之分，浦和紅軍[1]為什麼不叫浦和法蘭克熱狗等等……
難道不能想些有意義的事嗎……
別誤會。他是對讀書、工作、實驗這類深具意義的事感興趣
果然沒錯
鬼頭鬼腦地
喂！你在做什麼？
我在效法牛頓，從事有意義的工作……
嚴肅認真
又在胡搞！每次都扭曲我的用意！
小秋
小凡
呵
臉紅～

※牛頓的確曾在牆上雕刻

價值非凡的一拳

什麼事促使牛頓開始嶄露頭角呢？
呼～
牛頭本來就有角啊
在牛頓的班上，有個小霸王……
喂！牛頓！
抖
你太囂張了！竟敢奪走我的指定席（最後一名）！
碰！
誰喜歡最後一名啊！混帳！
碰！
哇～！
那傢伙好兇喔！
啪！啪！
哼！
別以為我只是遊手好閒，整天玩耍
不費吹灰之力
原來打架一點也不難嘛
對了！

唸書說不定一樣容易
埋頭苦讀
這孩子怎麼突然發憤圖強呢？會不會生病啦？……
母
……據說這就是牛頓突然開竅的故事
所以呢……
人稱我的拳頭是科學史上最有價值的拳頭
要不要試試看！
原來如此
哈哈
什麼？什麼？
……既然你們這麼說……
不祥的預感……
喂！小凡！你竟敢奪走最後一名！
碰！
哇！
喂！住手！你反而讓他更失去自信了啊！

天才都心不在焉

牛頓也常出現天才有的症狀
只要他熱中某件事，就會心不在焉
咦？你怎麼拖著馬韁啊？
呆~
拖~
我牽著馬兒走過來的呢
馬兒在哪兒呢？
拖~
咦？馬兒怎麼不見了……
你又太專心思考事情了吧？
呵呵
楞……
阿基米德也有心不在焉的情形……
我終於明白了！
萬歲！
光屁股大王……

法國數學家龐加萊也是……
我破解謎題了！趕快寫下來
∫Adx
哐！
怎麼回事？黑板怎麼在震動？地震嗎？
叮噹！
先生，請不要隨便塗鴉
∫Adx
對不起
呵呵
或許這些天才沉思的時候，必須非常專注
老師，小凡也心不在焉了
他做夢也夢到食物呢……
你看！
真是拿他沒輒
人家吃不到了啦……嗯……
呵呵
熟睡

奇蹟的兩年

總之，牛頓嶄露頭角之後，進入三一學院
叩！
熟睡
不過，剛開始牛頓在三一學院並不是認真的學生……
咳、咳
嗯～
但是，他遇到巴洛之後，終於開始認真研究
巴洛那麼偉大啊？
原來是做夢
對牛頓來說，巴洛是偉大的
三一學院從未出過數學家
幾乎都是神學家或哲學家
哇～
後來，令人聞之色變的鼠疫傳染蔓延……
難道牛頓感染鼠疫，不幸病倒了嗎？

1665年到1666年間，鼠疫橫行兩年，牛頓返鄉避禍
好安靜喔！真適合唸書……
哈
他在那兩年埋頭鑽研，創造大量足以改寫數學和物理學的理論
牛頓 不可思議之年
微分積分學
力學
光學
所以，偉大成就都是在短時間內完成的
你總是拖到最後一刻才肯動工
不，夜深人靜，事半功倍……
堆積如山的作業
不可思議的一夜之後呢
雖然分數不高……
這種事也能誇耀……
厲害！
好像在挖苦我……
嚴守截稿日期！
作者
堆積如山的原稿

微積並非數學

在牛頓不可思議之年，力學和微分積分學同時完成
為什麼呢？
因為微分積分學還有很大的缺陷
大家回想48頁的計算
這是最後一行……
$f(x)=x^2$
$\lim_{h\to 0}\frac{f(x+h)-f(x)}{h}$
$=\lim_{h\to 0}(2x+h)=2x$
「h無限趨近0」這項概念難以說服嚴密主義者
雖然趨近0，但不是0啊
難道分母h也是0嗎？
嚴密主義者
嚴密主義者
甚至後來……
這個根本不能稱為數學
只是假借相互抵消錯誤，獲得正確值而已
……還出現這種數學家
咦？我也是這麼想耶
嗯？

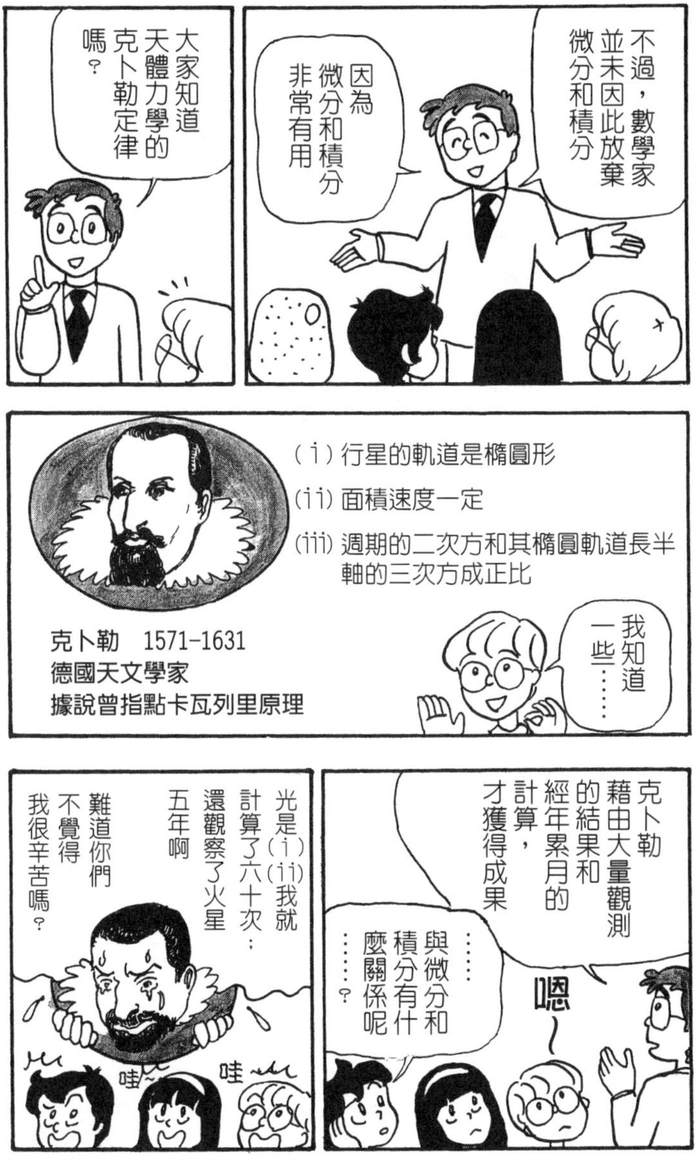
不過，數學家並未因此放棄微分和積分
因為微分和積分非常有用
大家知道天體力學的克卜勒定律嗎？
(i) 行星的軌道是橢圓形
(ii) 面積速度一定
(iii) 週期的二次方和其橢圓軌道長半軸的三次方成正比
克卜勒　1571-1631
德國天文學家
據說曾指點卡瓦列里原理
我知道一些……
克卜勒藉由大量觀測的結果和經年累月的計算，才獲得成果
嗯
……與微分和積分有什麼關係呢……？
光是(i)(ii)我就計算了六十次；還觀察了火星五年啊
難道你們不覺得我很辛苦嗎？
哇~
哇~

可是，克卜勒定律透過牛頓力學基本定律及微分和積分運算之後，成為簡單的演算問題
克卜勒真的好可憐喔……
啜泣
啜泣
當時即使是大數學家克卜勒，也必須絞盡腦汁才能解決的問題
現在連一般大學生都能輕易破解
所以即使方法不夠嚴謹，還是可以原諒的啦♡
不行，我不能原諒！
因為我討厭增加演算問題啊
同感
你們應該學學克卜勒啊……

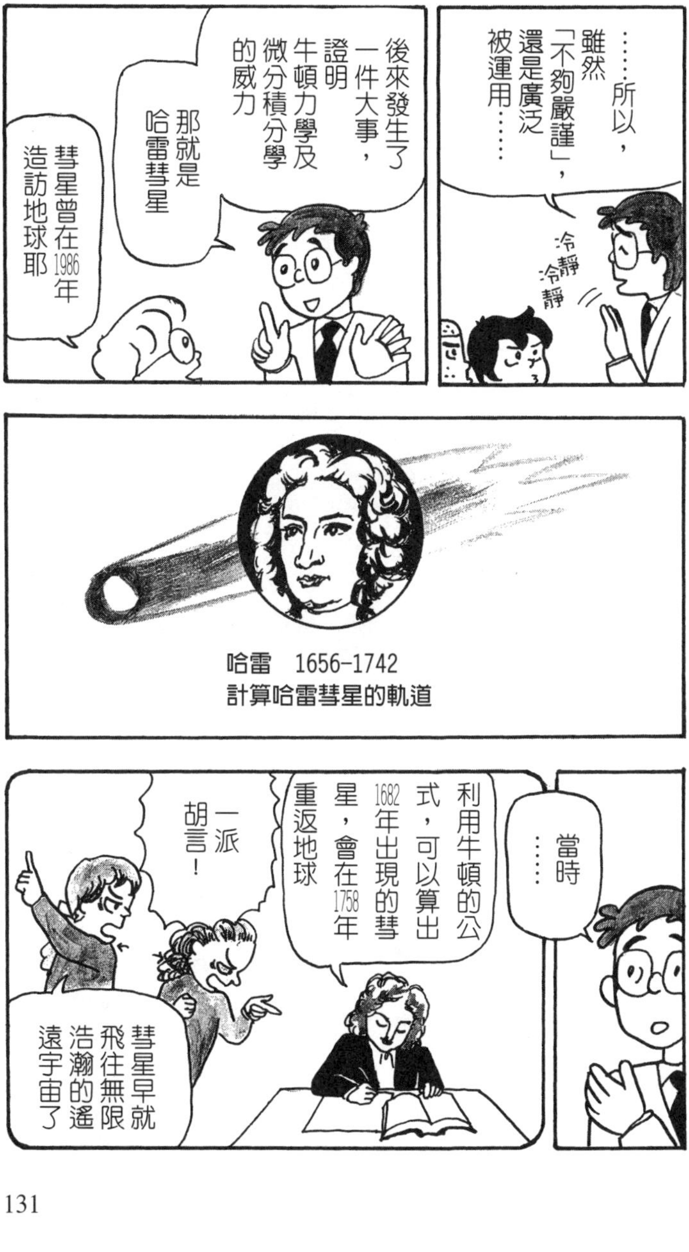
……所以，雖然「不夠嚴謹」，還是廣泛被運用……
冷靜冷靜
後來發生了一件大事，證明牛頓力學及微分積分學的威力
那就是哈雷彗星
彗星曾在1986年造訪地球耶
哈雷　1656-1742
計算哈雷彗星的軌道
當時……
利用牛頓的公式，可以算出1682年出現的彗星，會在1758年重返地球
一派胡言！
彗星早就飛往無限浩瀚的遙遠宇宙了

當時有兩種學說……
傳統學說
哈雷學說
彗星
拋物線（或雙曲線）軌道
彗星也是橢圓形軌道
太陽系
然後1758年時……
哇！
哈雷的預言實現了！
相信了吧。
哈雷之墓
……後來果真證明哈雷是正確的
所以阿郎也是橢圓形的囉
因為是橢圓形軌道，所以明天還會再回來
啊！
怎麼一不注意……他又蹺課了！

牛頓和萊布尼茲的不同

另一方面，和牛頓同一時期，還有萊比錫出身的萊布尼茲……
萊布尼茲？萊比錫？
這個阿郎，又跑到哪兒去了……
萊布尼茲
1646–1716
有「萬能的天才」之稱
有法學、哲學和數學著作
他在1675年提出基本定律……
結果引起麻煩的優先權之爭……
可是牛頓早在1666年就提出了啊
整整早了十年耶
問題是牛頓在1687年才撰寫《自然哲學的數學原理》……
又相隔了十年啊！
這就是67頁提到的「複雜的原因」嗎？
自然哲學的數學原理
牛頓

我贏了！
哼！
我太慢了！
現代已經認為是牛頓最早提出理論
不過，大家也都承認萊布尼茲獨立研究這項理論
對啊～～
喘息 喘息
而且，牛頓的《自然哲學的數學原理》艱澀難懂
啪啦啪啦～
真的很難！
嚴格說來，牛頓並不是一位好老師……
是啊！不好的老師四處可見
他講課枯燥艱深，幾乎沒有學生……
瞪！
因為……所以……
落寞……
空無一人～
真可惜！
我說得果然沒錯！

換句話說，他從來沒有想把這些理論變得更淺顯易懂
所以《自然哲學的數學原理》才會那麼難懂吧
自然哲學的數學原理
牛頓
相反地，萊布尼茲的記號非常簡便♡
dy/dx
兩人探討微積分的觀點恰巧相反
牛頓從具體的物理學著手
萊布尼茲則從哲學觀點探討微積分
雖然哲學抽象，記號卻很具體
其實，萊布尼茲是記號論的大師
大家聽懂了嗎？
原來啊～
……所以呢，我比牛頓優秀吧
雖然有個人半途溜走……
原來老師是想辯解……
喵

為什麼同時發現呢？

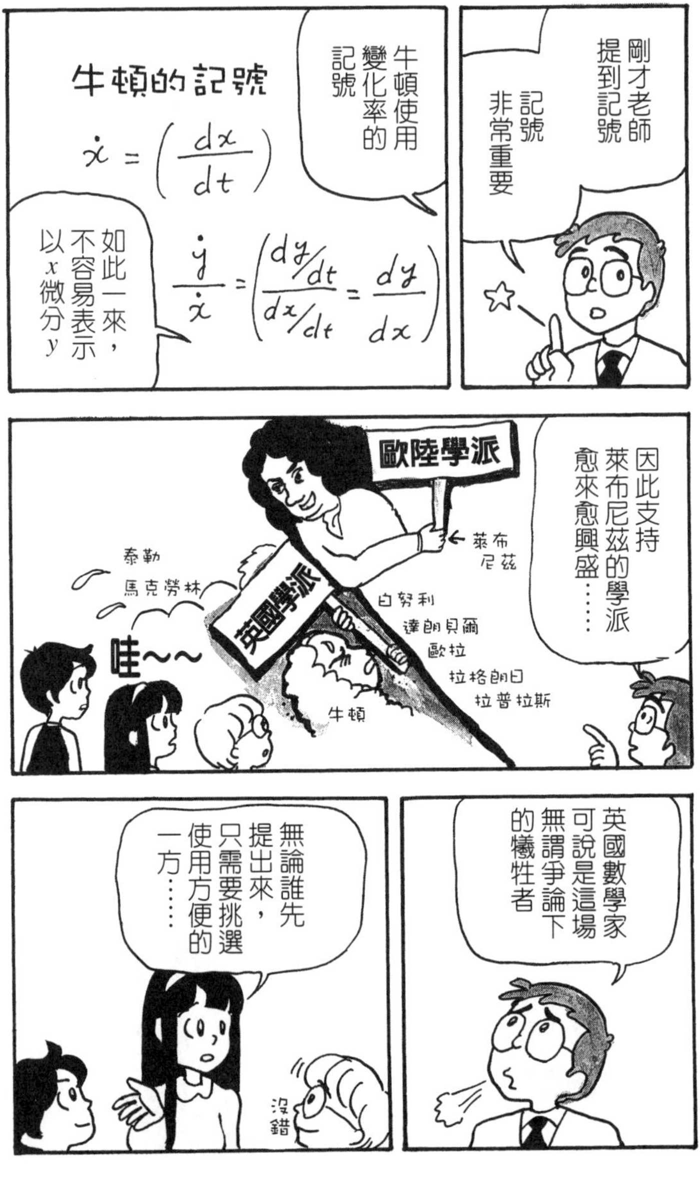
剛才老師提到記號
記號非常重要
牛頓使用變化率的記號
牛頓的記號
$\dot{x} = \left(\frac{dx}{dt}\right)$
$\frac{\dot{y}}{\dot{x}} = \left(\frac{dy/dt}{dx/dt} = \frac{dy}{dx}\right)$
如此一來，不容易表示以 x 微分 y
因此支持萊布尼茲的學派愈來愈興盛……
歐陸學派
萊布尼茲
英國學派
白努利
達朗貝爾
歐拉
拉格朗日
拉普拉斯
牛頓
泰勒
馬克勞林
哇～～
英國數學家可說是這場無謂爭論下的犧牲者
無論誰先提出來，只需要挑選使用方便的一方……
沒錯

牛頓和萊布尼茲的時代，正好適合研究發展微分和積分……
所以兩人的運氣都不錯囉
同時發現是因為剛好時機成熟
嗯～嗯～
放學後
噹～
噹～
吣～
一起去看電影吧！
一起去溜冰吧！
溜冰券
電影票
約會邀請也恰巧同時到來啊
緊張
緊張
不過，你們都挑錯時間了
為什麼咧？
兩邊都不行！
再過幾天就要考試了，你們真是搞不清楚狀況……

物價上漲率的漲幅表示什麼？

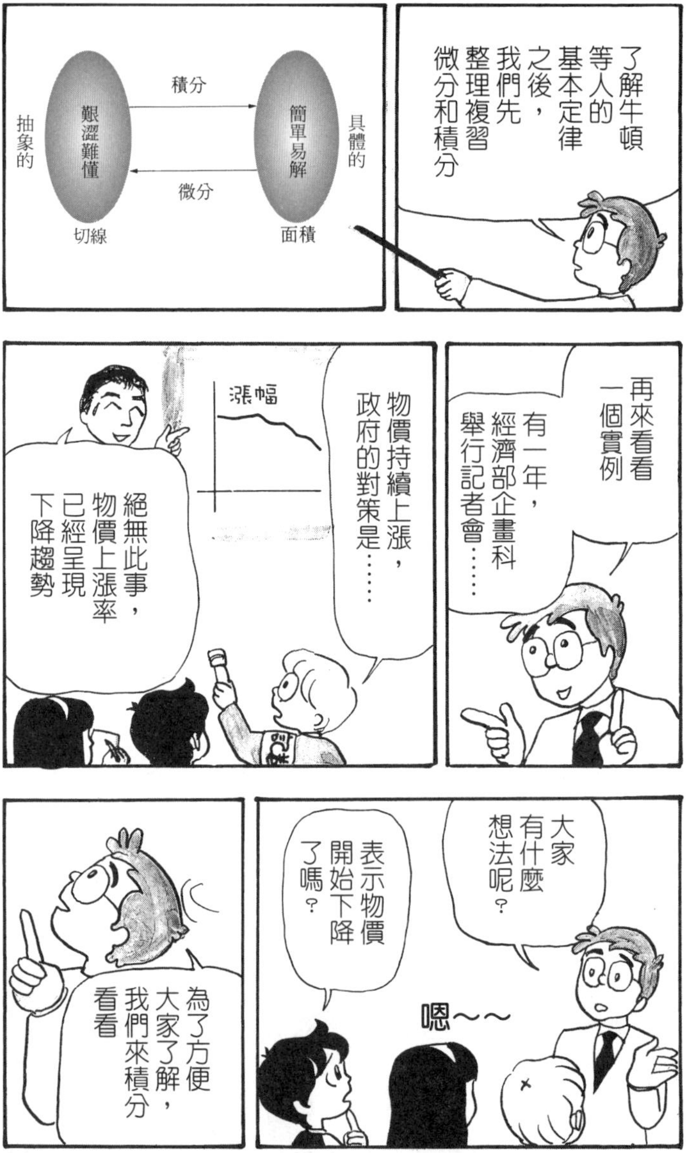

了解牛頓等人的基本定律之後，我們先整理複習微分和積分
抽象的
艱澀難懂
積分
簡單易解
具體的
微分
切線
面積
再來看看一個實例
有一年，經濟部企畫科舉行記者會……
物價持續上漲，政府的對策是……
漲幅
絕無此事，物價上漲率已經呈現下降趨勢
大家有什麼想法呢？
表示物價開始下降了嗎？
嗯～～
為了方便大家了解，我們來積分看看

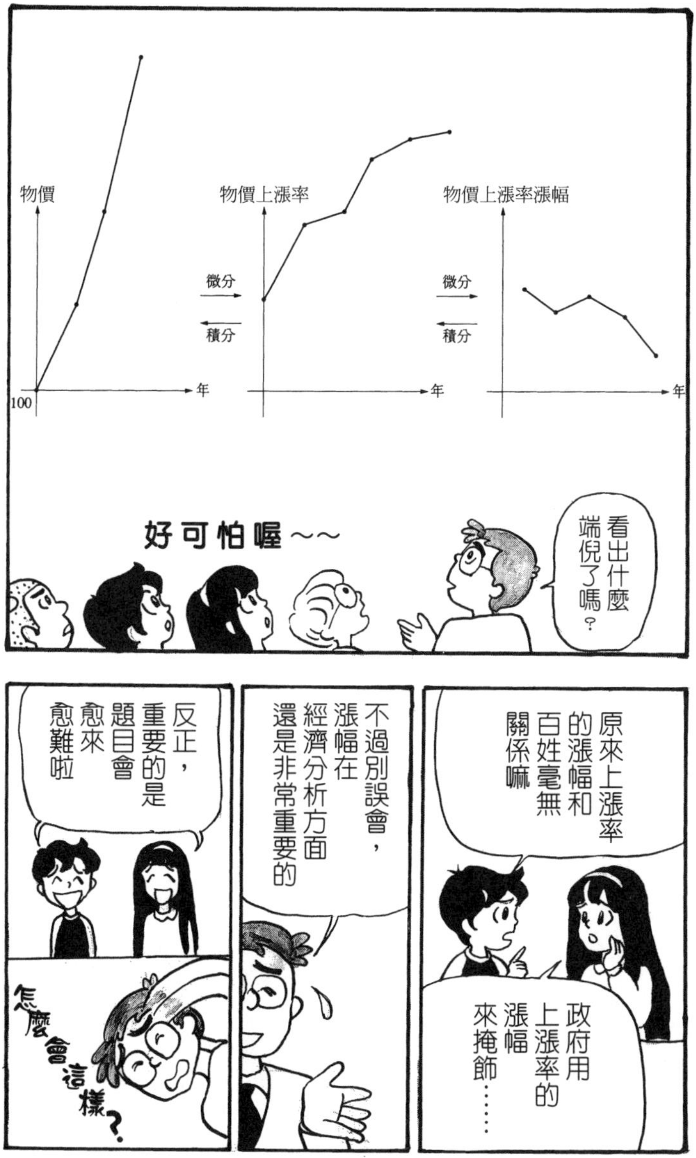
物價
100
年
微分
積分
物價上漲率
年
微分
積分
物價上漲率漲幅
年
看出什麼端倪了嗎？
好可怕喔~~
原來上漲率的漲幅和百姓毫無關係嘛
政府用上漲率的漲幅來掩飾……
不過別誤會，漲幅在經濟分析方面還是非常重要的
反正，重要的是題目會愈來愈難啦
怎麼會這樣？

基本定律的意義

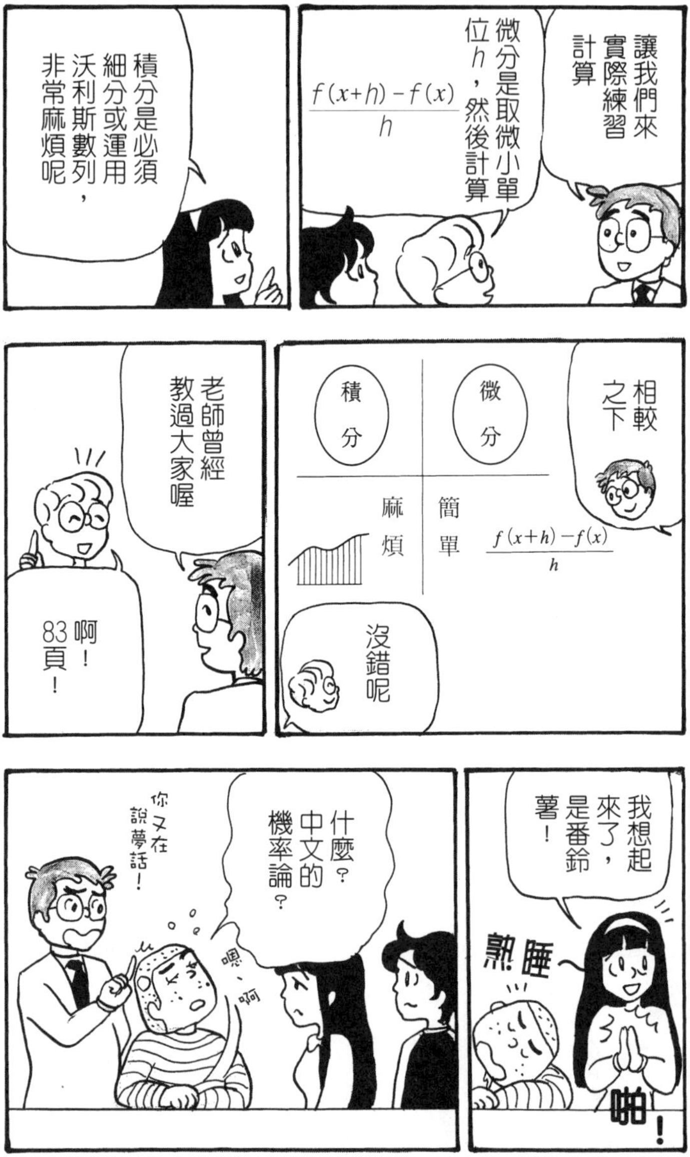
讓我們來實際練習計算
微分是取微小單位h，然後計算
f(x+h)−f(x) / h
積分是必須細分或運用沃利斯數列，非常麻煩呢
相較之下
微分
積分
簡單
麻煩
f(x+h)−f(x) / h
沒錯呢
老師曾經教過大家喔
啊！83頁！
我想起來了，是番鈴薯！
熟睡
啪！
什麼？中文的機率論？
你又在說夢話！
嗯、啊

所以可以考慮挑選兩者簡便的地方
這就是微分和積分基本定律的意義
計算　概念
微分　簡單　困難
積分　困難　簡單
結合兩者
喔，原來如此……
今天真是受益匪淺啊♡
嘻，嘻
傍晚
小凡！
怎麼是這種分數！
10分
小凡
轉
不，不
媽，妳別誤會
妳看看這份漲幅圖表！
啪
漲幅
10倍
1→10
10倍
很厲害吧
這個概念很難的，媽媽，看不懂嗎？
嘻、嘻、嘻
漲幅
10分

柯西的極限

老師，剛才你提到理論有缺陷，所以被批評不是數學，後來怎麼解決的呢？
沒錯，沒錯，老師總是嚴格挑剔錯誤
菜單
關於這件事，萊布尼茲也有同樣的煩惱
所以他暫時放棄，置之不理……
例如，達朗貝爾曾說……
「只要持續相信，一定會出現美好的結果……」(即使有缺陷)
喝～
各位要點餐嗎？
後來設法解決的是六十年後的柯西
柯西？我喝黑咖啡……
柯西
1789-1857
法國數學家

＊「柯西—舒瓦茲不等式」(Cauchy-Schwarz Inequality)是積分的重要理論， Schwarz為德文「黑色」之意。

他在《分析教程》中，清楚制訂極限的定義
各位久等了
四杯黑咖啡
不過在那六十年間，歐拉和白努利都曾推演出各種結果
柯西真是厲害♡
即使理論有缺陷，還是繼續相信使用啊
應該說因為能得到好結果，所以努力讓它正當化
原來數學並不是那麼周詳嚴密啊
是的，數學是一種直覺
狂倒
狂倒
原來如此！
數學原來故意不嚴密……
目的就是整人啊～
又是０分！
小丸
0分
對不起
我也來整你吧，哈哈……
好痛
你又擅自竄改我的意思

微分和積分的完成

不過，柯西並沒有完全解決缺陷問題
雖然柯西已經很厲害了……
在柯西之後，還有其他發展嗎？
接下來就等蛋糕了♡
因為定義域或值域所使用的實數尚未完全清楚
定義域 $f(x)$ 的 x 變動範圍
值域 $f(x)$ 的變動範圍
當時普魯士的數學學會會長克羅內克等人……
點蛋糕的客人……
啊！這邊！
克羅內克
1823–1891
上帝創造了整數，甚至有理數也是數字
如此一來，圓周率 π 必須是有理數，實數直線也會凹凸不平……
蛋糕真好吃♡
這樣 $\sqrt{2}$ 就變成不存在了耶
好像回到畢達哥拉斯時代以前了

所以真正解決無限的康托爾被冷落，罹患了精神疾病
康托爾
1845–1918
數學果然愛整人……
可是，克羅內克寫下積分的論文
咦？怎麼這麼狡猾？
所以……
「克羅內克不忠於自己的理論，所以寫下偉大的數學論文」
龐加萊說道……
龐加萊　1854–1912
法國數學家
拓撲學始祖
最後解決的人是康托爾的朋友狄德金
推演實數的公理
如此一來，微積分總算完成了
哇～～
說得也是嘛～
小凡，為什麼？
狄德金能得金，所以才能完成嘛
咦？
喝～
鴉雀無聲

解說

目前高中教科書的主流概念「積分是微分的逆運算」，是根據微分積分學的基本定律，也就是第二章提及的「積分某函數之後，再加以微分，就會恢復原狀」。這項定律的偉大之處在於連結計算簡單的微分，以及概念簡單的積分。連結迥異性質的事物能夠促進理論快速進展的道理，曾在第三章的「幾何學和代數學的統合」中做了說明。微分和積分也是同樣的道理。透過連結微分和積分，理論迅速發展。幾項實例分別見於第八章（化石年代的測定）、第九章（三次函數的形狀）和第十章（部分積分）。

這項定律由牛頓和萊布尼茲分別提出，卻造成無謂的優先權爭奪戰。但重要的並非哪一方先發現，而是這項基本定律注定在這個時期獲得證明。因爲座標空間等數學內部架構愈來愈統合成熟，再加上天文學、力學的發展等其他學問的需求，促使牛頓和萊布尼茲投入研究。這種同時發現、同時發明的現象也見於其他領域。

牛頓和萊布尼茲其實並未完成微分積分學。無限小概念的曖昧不清也造成長達百年的論爭。但無限小概念雖然有些曖昧，理論卻非常實用，愈用愈獲得更多意想不到的結果。

因此，可以推論為了促使學問進步，「絕對不能拘泥於框架（傳統理論的嚴密性）」。然而，僅是為了追求創新卻漏洞百出的學問隨處可見。此時的判定基準是有效性。雖然微分和積分被批判是「假借相互抵消錯誤，所以獲得正確結果」，但微分積分學能獲得長足進展，是因為能夠有效替代物理學，而非只是高揭流行創新口號的學問。

註釋

1　日本職業足球隊，球場在埼玉縣。

第六章　如何才能事半功倍？

——試試微分和積分的計算吧——

讓我們以實例來計算微分和積分。本章所舉的函數實例雖然比較簡單，仍能感受微分和積分的威力。

尋找經濟有效的方法

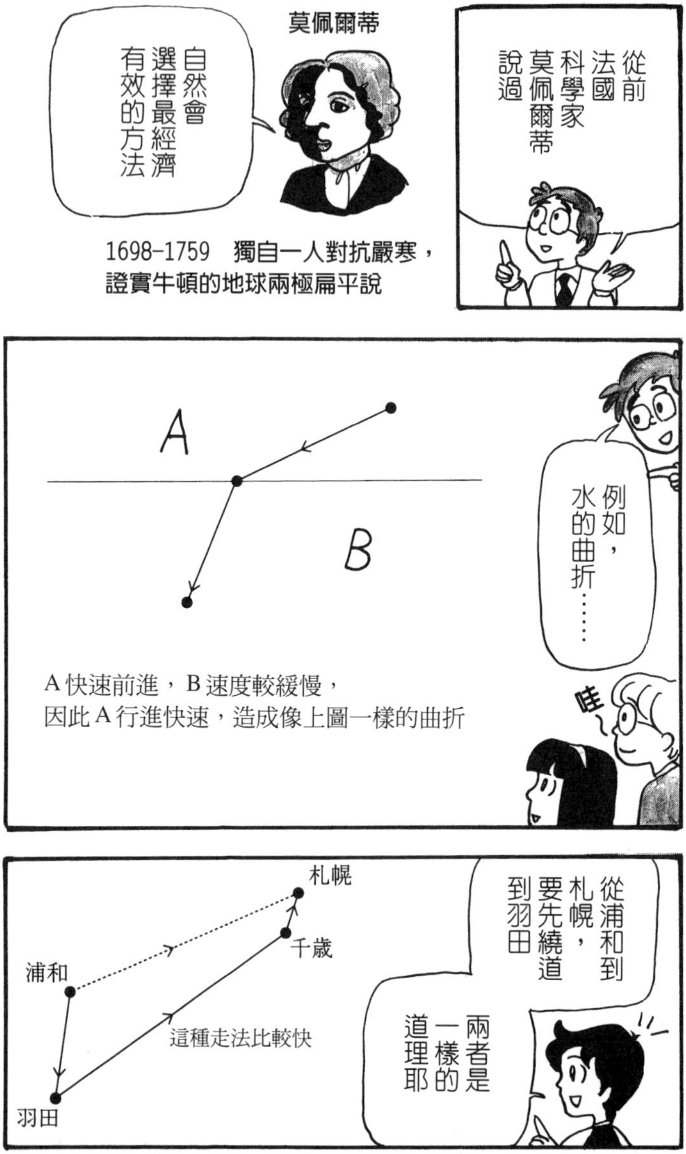
從前法國科學家莫佩爾蒂說過
莫佩爾蒂
自然會選擇最經濟有效的方法
1698-1759　獨自一人對抗嚴寒，證實牛頓的地球兩極扁平說
例如，水的曲折……
A
B
A快速前進，B速度較緩慢，
因此A行進快速，造成像上圖一樣的曲折
哇～
從浦和到札幌，要先繞道到羽田
兩者是一樣的道理耶
札幌
千歲
浦和
這種走法比較快
羽田

雖然舉的例子不是很好……但道理相近
河流的河道會選擇最有效益的流向
選擇湍急的流向
而且會避開障礙物嘛
不僅是自然現象
行動原理也是一樣的
剛才飛往札幌的例子也是啊
最少成本，最大效率
……一般的想法是這樣囉

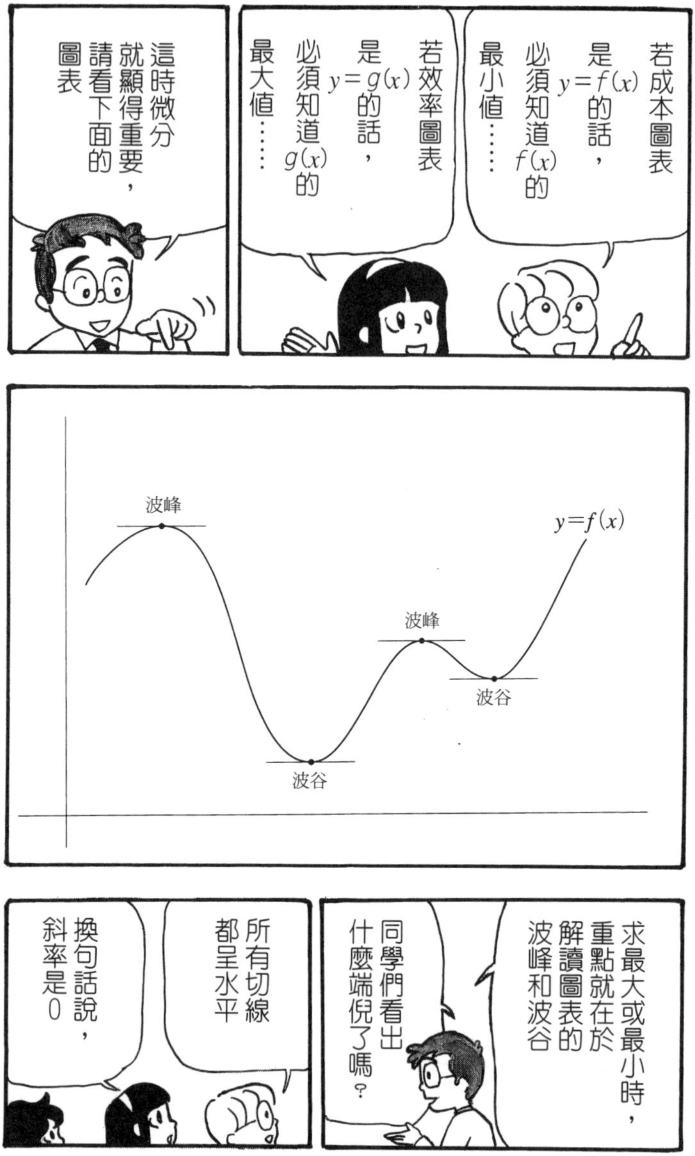
若成本圖表是$y=f(x)$的話，必須知道$f(x)$的最小值……
若效率圖表是$y=g(x)$的話，必須知道$g(x)$的最大值……
這時微分就顯得重要，請看下面的圖表
波峰
$y=f(x)$
波峰
波谷
波谷
求最大或最小時，重點就在於解讀圖表的波峰和波谷
同學們看出什麼端倪了嗎？
所有切線都呈水平
換句話說，斜率是0

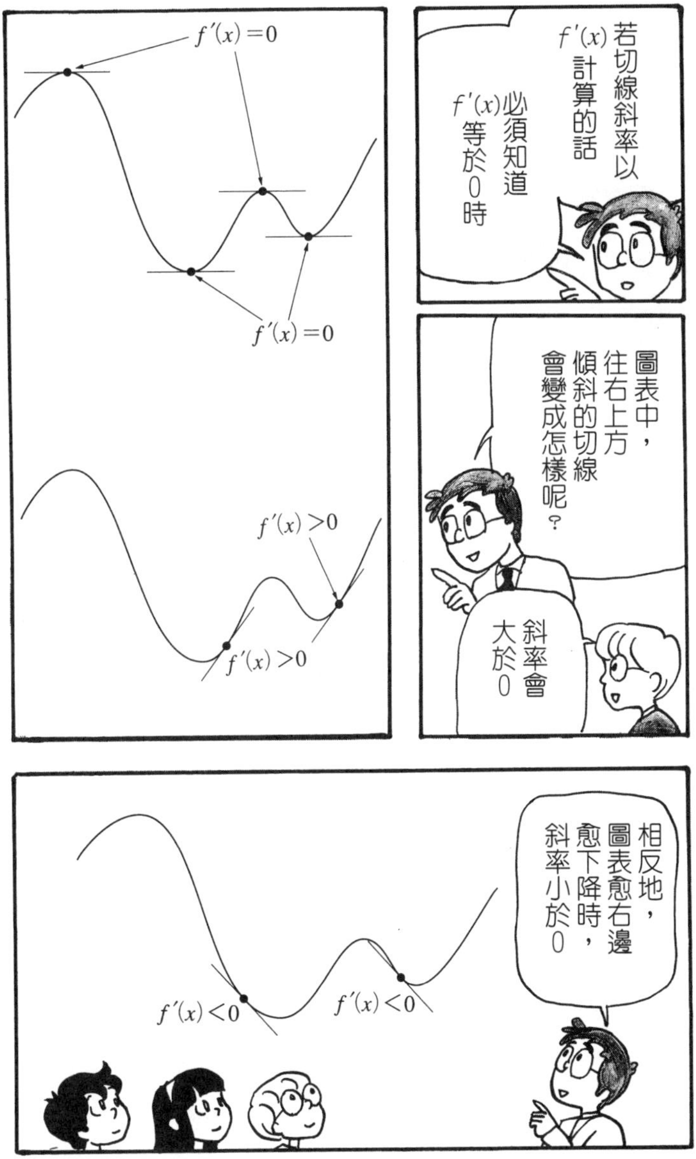
若切線斜率以f′(x)計算的話
必須知道f′(x)等於0時
圖表中，往右上方傾斜的切線會變成怎樣呢？
斜率會大於0
f′(x)＝0
f′(x)＝0
f′(x)＞0
f′(x)＞0
相反地，圖表愈右邊愈下降時，斜率小於0
f′(x)＜0
f′(x)＜0

只需要了解圖表概略，就可以知道最大和最小
這樣就可以決定行動方針了
原～來～～
如此
學了積分之後，我好像變聰明了耶
真的呢♡
我回來了～～
媽，妳在煩惱什麼呢……？
我想發揮木板的最大極限，做個大箱子……
嗯～～
90
90
我才剛學會喔，包在我身上
這是 x 三次方的最大值問題
耶～～

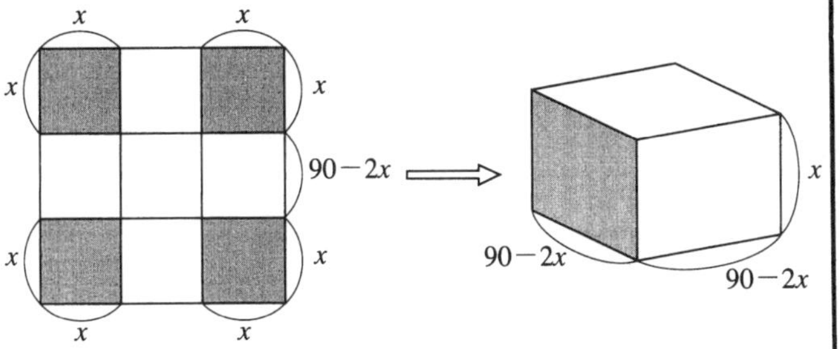

$$f(x) = (90-2x)^2 x$$
$$= 4x^3 - 360x^2 + 8100x$$
$$f'(x) = 12x^2 - 720x + 8100$$
$$= 12(x-15)(x-45)$$
$f'(x) = 0$ 時 $x = 15$ 和 45

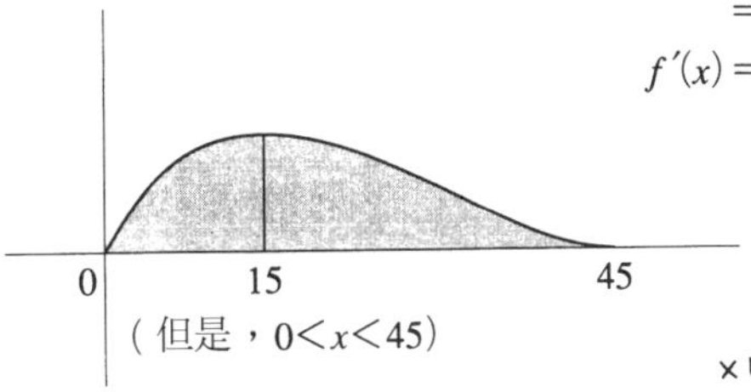

由圖表可知
x的最大值是15

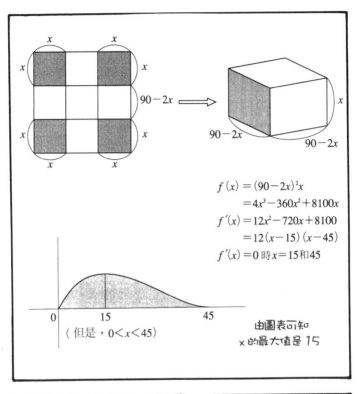

微分的計算法

我們實際運用微分來解答問題

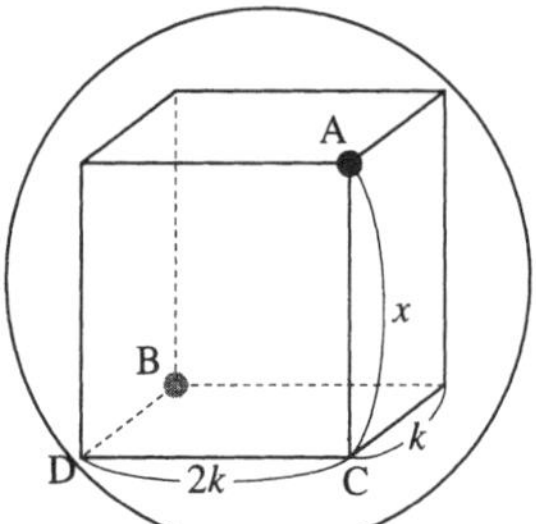

半徑3的球體，內接三邊長度為k、$2k$、x的直方體。直方體的體積為V，求x的最大值

（取自某大學入學試題）

要訣在於直方體內接的對角線AB，通過中心點，
所以AB是直徑，長度為6囉，
然後還能知道x和k的關係耶

從三平方定理可以知道

$$6^2 = AB^2 = AC^2 + CD^2 + DB^2$$

$$= x^2 + (2k)^2 + k^2$$

$$\therefore k^2 = \frac{36 - x^2}{5}$$

∴直方體的體積

$$V = AC \cdot CD \cdot BD = x \cdot 2k \cdot k$$

$$= 2xk^2$$

$$= \frac{2}{5}x(36 - x^2)$$

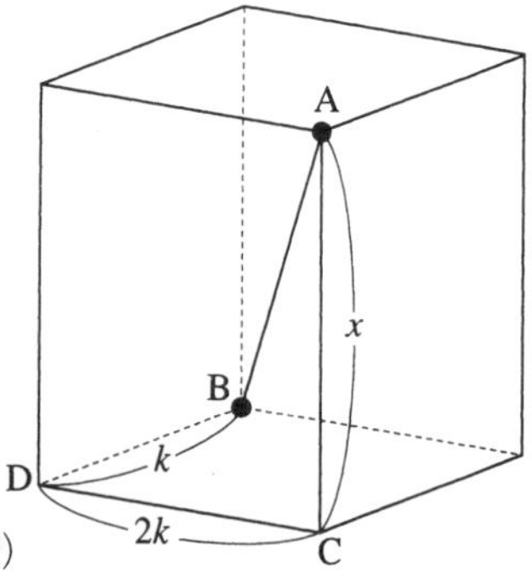

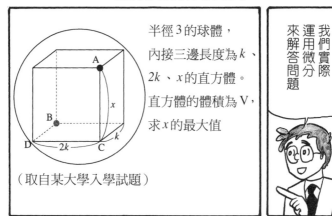

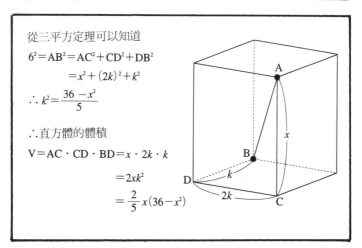

接下來求 $f(x)$ 的 x 最大值
$f(x)=\frac{2}{5}(36x-x^3)$
只需要微分 f 就可以了
$f'(x)=\frac{2}{5}(36-3x^2)$
$=-\frac{6}{5}(x^2-12)$
$=-\frac{6}{5}(x-2\sqrt{3})(x+2\sqrt{3})$
$\therefore x=\pm 2\sqrt{3}$ で $f'(x)=0$
微分後，從 $f'(x)=0$ 可以知道 $x=\pm 2\sqrt{3}$
可是，大家要注意 x 的範圍
x 是長度，所以 $x>0$
而且不能超過球體所以必須再加入 $x\leqq 6$ 的條件

所以
$0<x\leqq 6$

$0<x<6$ 且

$f'(x)=0$

$x=2\sqrt{3}$ 時，

且 $0<x<2\sqrt{3}$ 時，$f'(x)>0$

又 $2\sqrt{3}<x<6$ 時，$f'(x)<0$

可得下列圖表

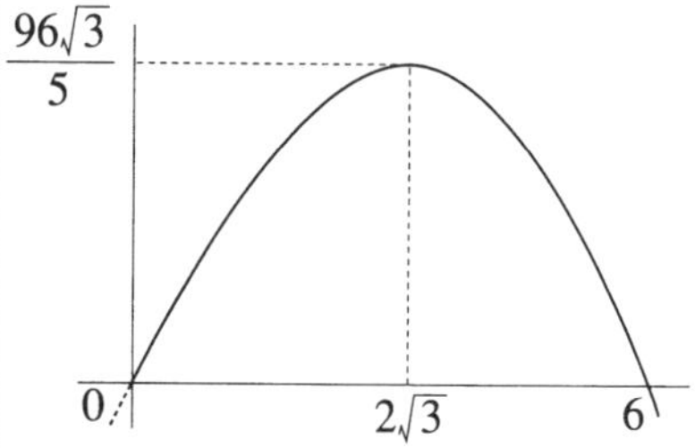

$f(2\sqrt{3})=\frac{96\sqrt{3}}{5}$

$f(0)=0,\ f(6)=0$

唰、唰
寫下$f(x)$的符號值變化，更容易了解

增減表

x	0		$2\sqrt{3}$		6
$f'(x)$		+	**0**	−	
$f(x)$	0	↗	$\frac{96\sqrt{3}}{5}$	↘	0

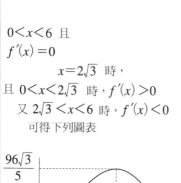

好啦！完成囉！
這稱為「增減表」

所以，答案是 $x=2\sqrt{3}$ 時，可以獲得解答
最大值是 $\frac{96\sqrt{3}}{5}$
可是如果沒有內接的話，計算就很麻煩耶……
瞄～
小凡，你的意思是？
嗯……
這是球體中連結直方體的好例子……
喀啦喀啦
啊！扭蛋耶
上課不准拿那種東西出來！
對不起
我賺到了

佐證積分公式

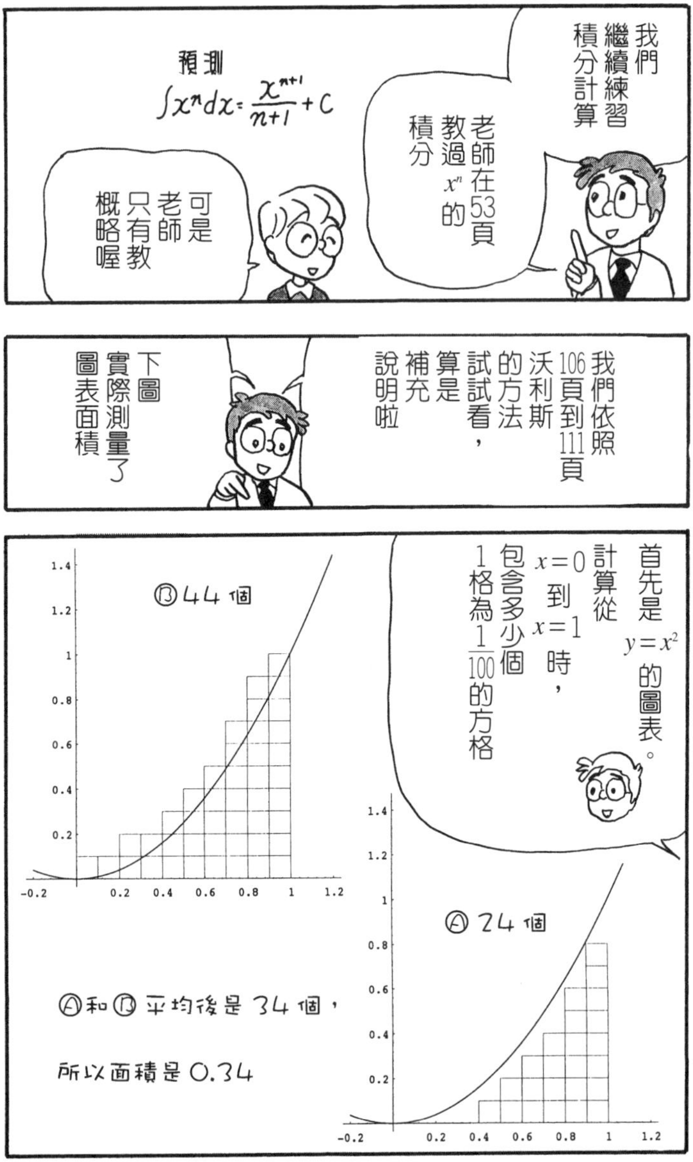

我們繼續練習積分計算
老師在53頁教過x^n的積分
可是老師只有教概略喔
預測
$\int x^n dx = \frac{x^{n+1}}{n+1} + C$
我們依照106頁到111頁沃利斯的方法試試看，算是補充說明啦
下圖實際測量了圖表面積
首先是$y=x^2$的圖表。
計算從$x=0$到$x=1$時，包含多少個1格為$\frac{1}{100}$的方格
Ⓑ 44 個
Ⓐ 24 個
Ⓐ和Ⓑ平均後是34個，
所以面積是0.34
-0.2
0.2
0.4
0.6
0.8
1
1.2
1.4

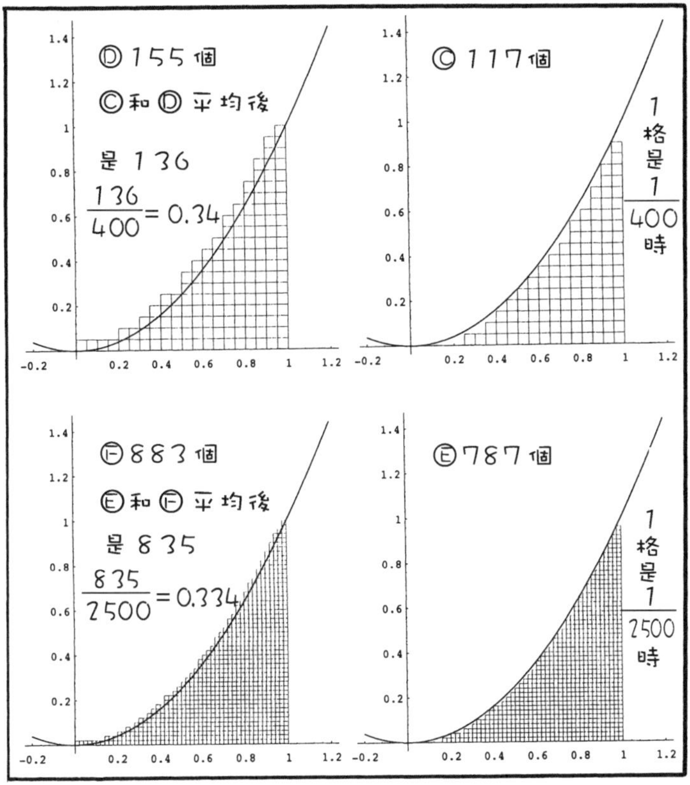
Ⓓ155個
Ⓒ和Ⓓ平均後
是136
$\frac{136}{400}=0.34$
Ⓒ117個
1格是$\frac{1}{400}$時
Ⓕ883個
Ⓔ和Ⓕ平均後
是835
$\frac{835}{2500}=0.334$
Ⓔ787個
1格是$\frac{1}{2500}$時

$\int_0^1 x^2 dx=\left[\frac{1}{3}x^3\right]_0^1=\frac{1}{3}$
這樣就實驗證明了53頁的公式
哇～～

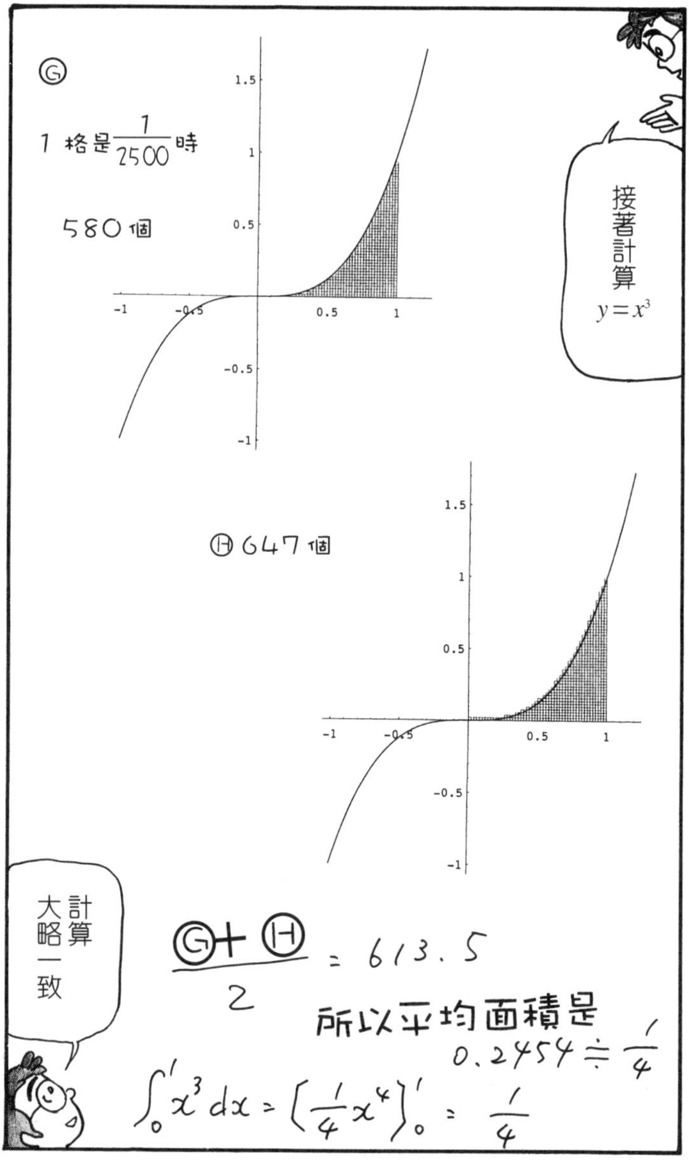
接著計算 $y=x^3$
Ⓖ
1格是$\frac{1}{2500}$時
580個
Ⓗ 647個
大略計算一致
$\frac{Ⓖ+Ⓗ}{2}=613.5$
所以平均面積是
$0.2454\fallingdotseq\frac{1}{4}$
$\int_0^1 x^3dx=\left[\frac{1}{4}x^4\right]_0^1=\frac{1}{4}$

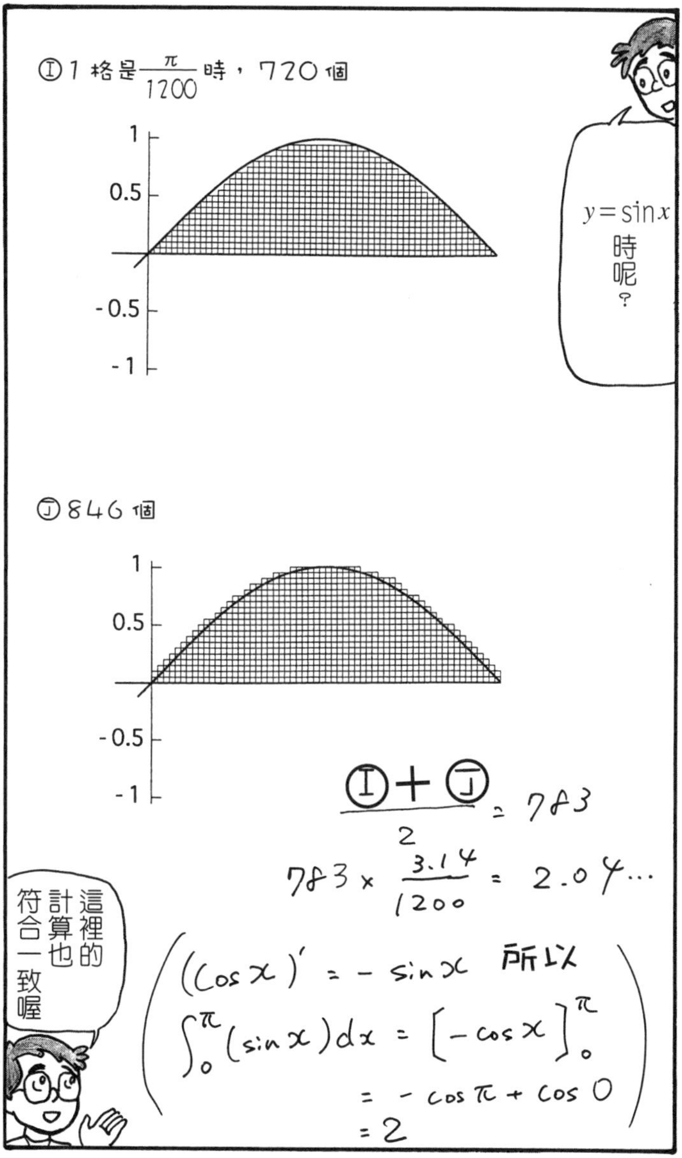

＊sin x 的微分和積分說明在252頁和260頁

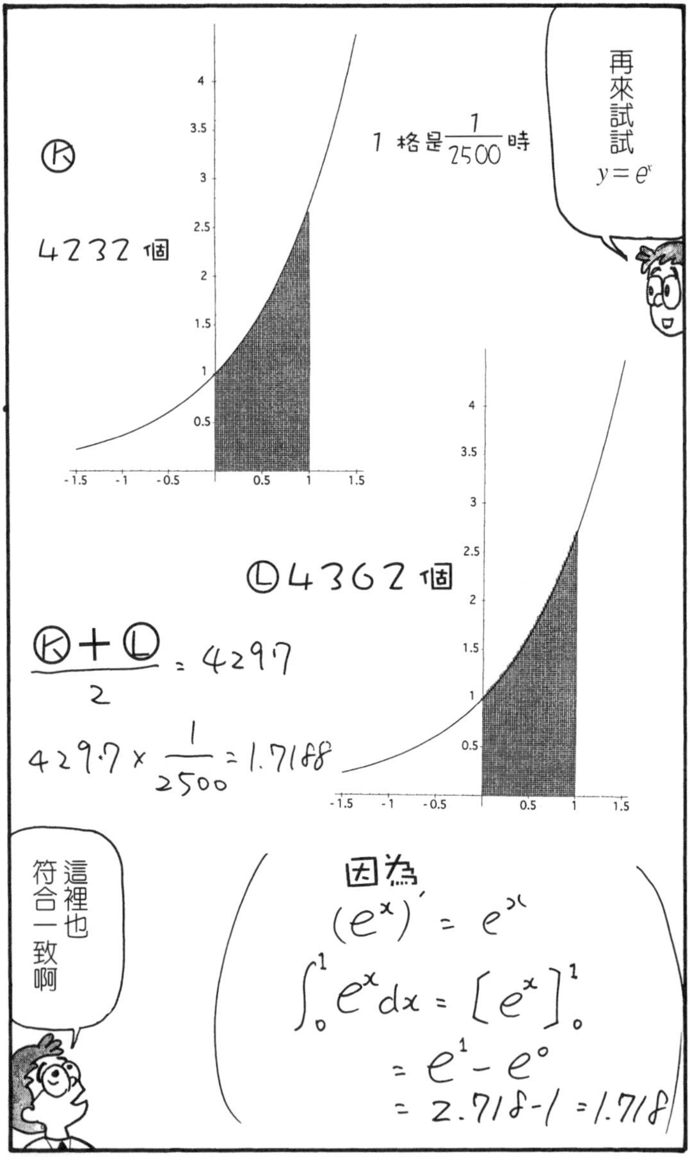

＊e^x 的微分和積分說明在253頁和260頁

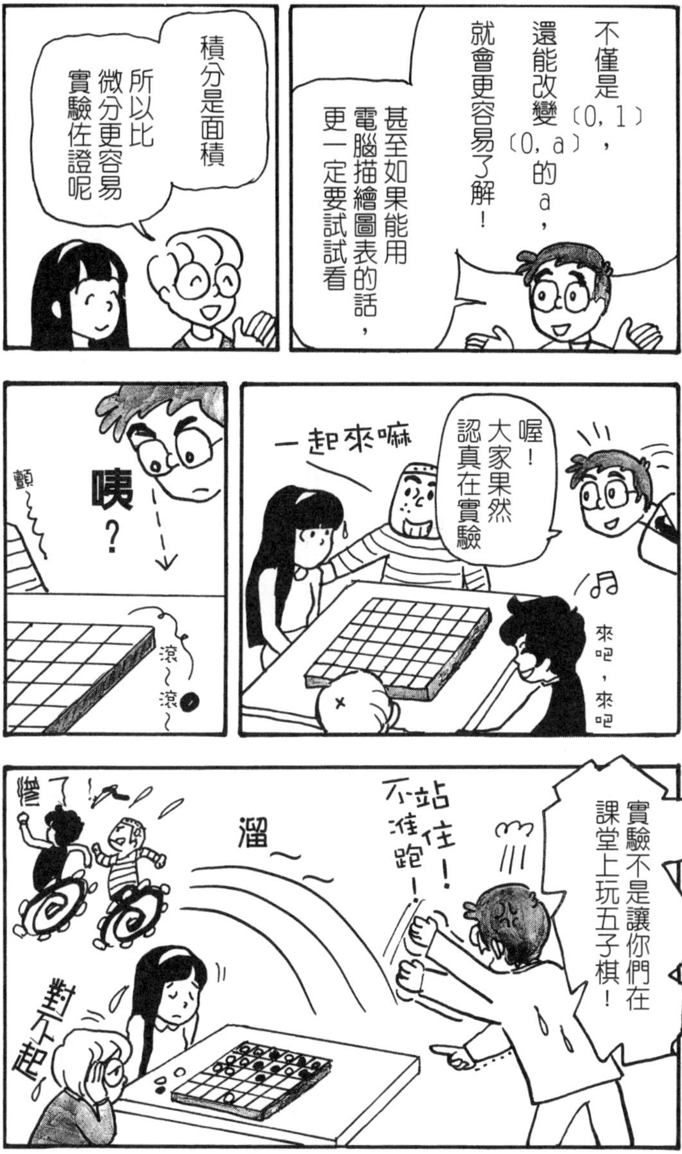
不僅是〔0, 1〕，
還能改變〔0, a〕的 a，
就會更容易了解！
甚至如果能用
電腦描繪圖表的話，
更一定要試試看
積分是面積
所以比
微分更容易
實驗佐證呢
喔！
大家果然
認真在實驗
一起來嘛
來吧，來吧
咦？
顫～
滾～滾～
實驗不是讓你們在
課堂上玩五子棋！
站住！
不准跑！
溜～
慘了！
對不起

實際計算體積

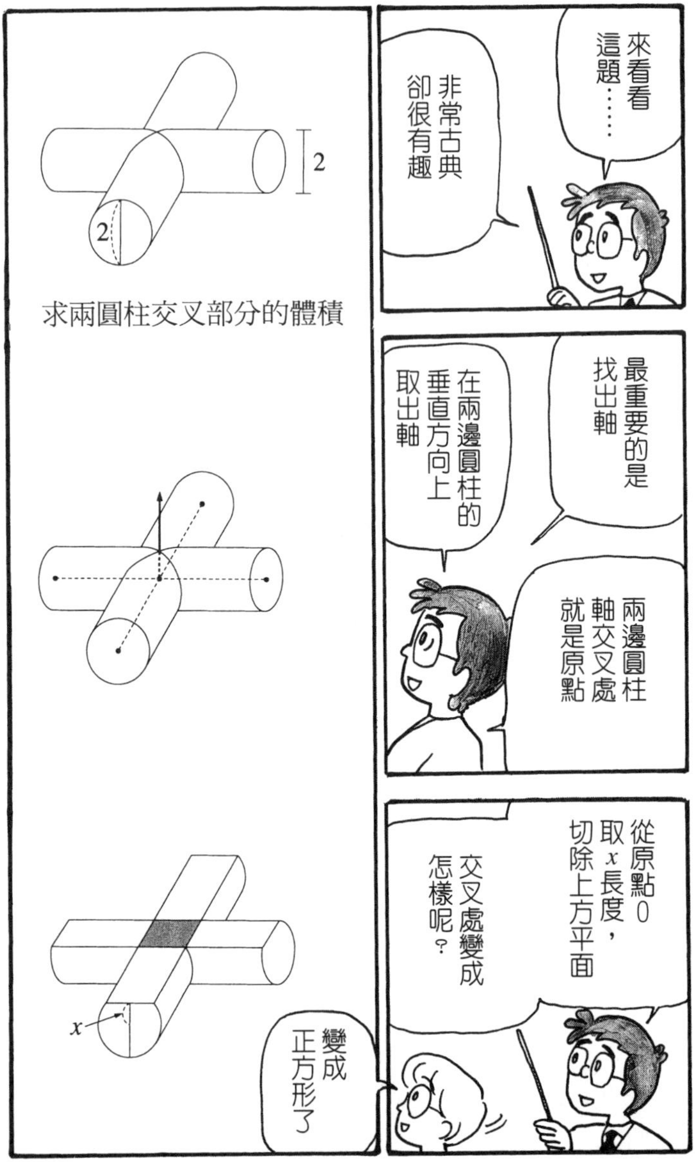
來看看這題……
非常古典卻很有趣
最重要的是找出軸
在兩邊圓柱的垂直方向上取出軸
兩邊圓柱軸交叉處就是原點
從原點O取x長度，切除上方平面
交叉處變成怎樣呢？
變成正方形了
2
2
求兩圓柱交叉部分的體積
x

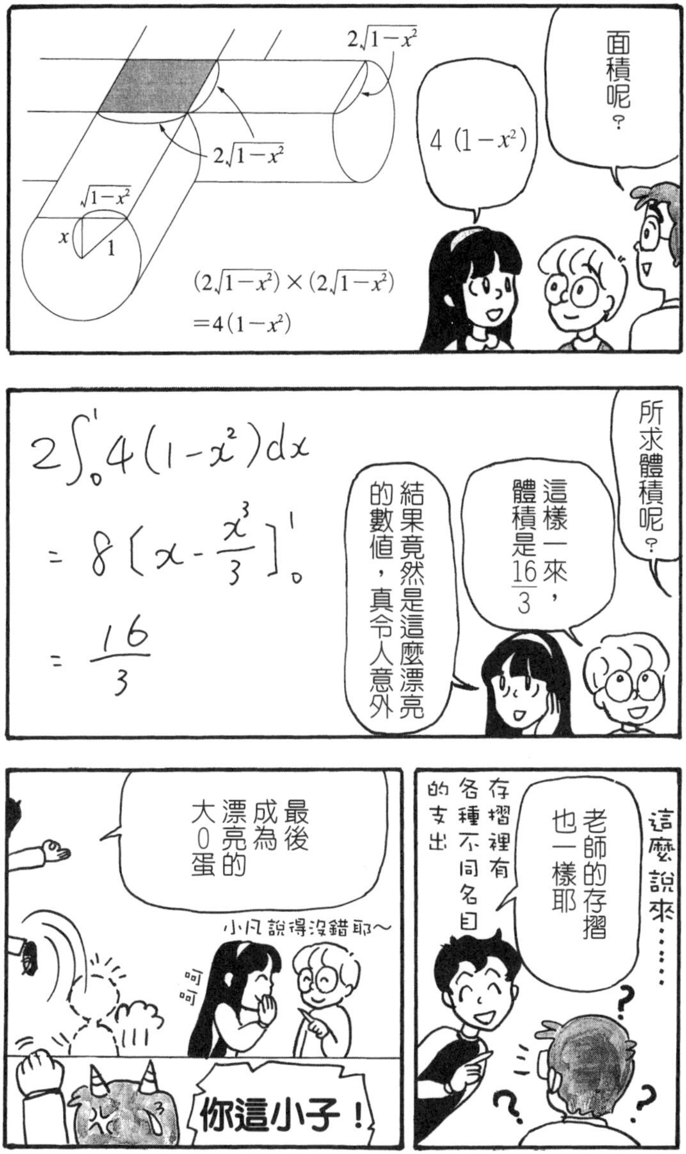
2√(1−x²)
2√(1−x²)
√(1−x²)
x
1
(2√(1−x²))×(2√(1−x²))
=4(1−x²)
面積呢？
4 (1−x²)
2∫₀¹4(1−x²)dx
=8[x−x³/3]₀¹
=16/3
所求體積呢？
這樣一來，體積是16/3
結果竟然是這麼漂亮的數值，真令人意外
這麼說來……
老師的存摺也一樣耶
存摺裡有各種不同名目的支出
最後成為漂亮的大0蛋
小凡說得沒錯耶～
呵呵
你這小子！

解說

或許很多讀者已經了解實際的微分和積分計算，書店裡更有各式各樣詳細解釋計算方法的學習參考書。但是本書無法因此省略計算方式的說明。因爲這是最重要的部分。前面章節也曾提到，我希望讀者能夠清楚了解微分和積分的實質意義。

本章首先提到爲什麼要學習微分和積分的計算，引用了莫佩爾蒂的最小作用原理。其實即使沒有提出莫佩爾蒂的原理，相信大家也都能夠接受最大效益、最小成本的原理。事實上，在自然界，「最小作用」應該是「極小作用」。假設將地形畫成如下圖，位置能量的最小值是A點；可是當球體從C開始滾動時，停止的地方是位置能量的極小值地點（也就是B點）。無論如何，極大值和極小值都有重要的意義。

爲了決定極大值和極小值，f' 非常有用。在求得極大值和極小值的點，切線斜率是0，前後 f' 的符號值就決定極大值和

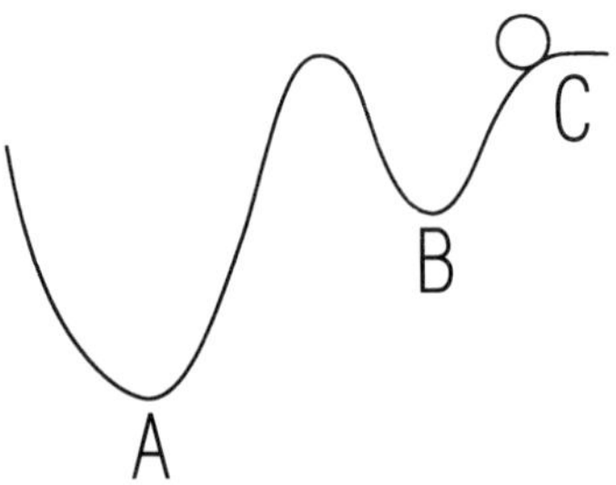

極小値。這項符號値的圖表稱爲「增減表」。

基本定律出現之後，雖然積分可以作爲微分的逆演算（因爲微分的計算比較容易），但本章依舊實際佐證沃利斯的方法，最後並舉出積分的實例。最標準的實例通常是計算面積，不過本書特地列舉古典卻有趣的體積計算。

第七章　柔軟的洋蔥該怎麼計算體積呢？

——以微分和積分來重新認識國中的面積及體積公式——

第一章已經討論過三角形和扇形。本章將更進一步探討，希望藉此重新思考微分和積分的概念，歸納連結瑣碎零散的觀念。此外，微積分理論的條理說明，其實只需要國中數學最大難關「圖形的計量」這項微分和積分的概念，以及卡瓦列里原理。

錐體和三角形是親戚

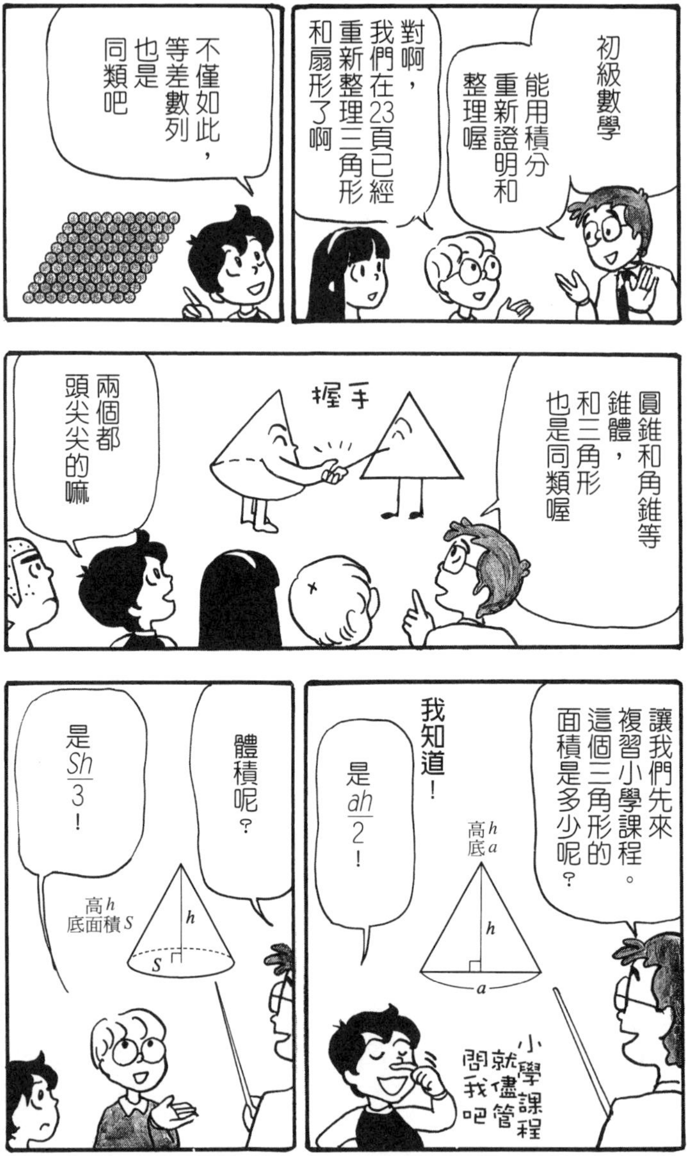
初級數學
能用積分重新證明和整理喔
對啊，我們在23頁已經重新整理三角形和扇形了啊
不僅如此，等差數列也是同類吧
圓錐和角錐等錐體，和三角形也是同類喔
握手
兩個都頭尖尖的嘛
讓我們先來複習小學課程。這個三角形的面積是多少呢？
我知道！
是 $\frac{ah}{2}$！
高 h
底 a
h
a
小學課程就儘管問我吧
體積呢？
是 $\frac{Sh}{3}$！
高 h
底面積 S
h
S

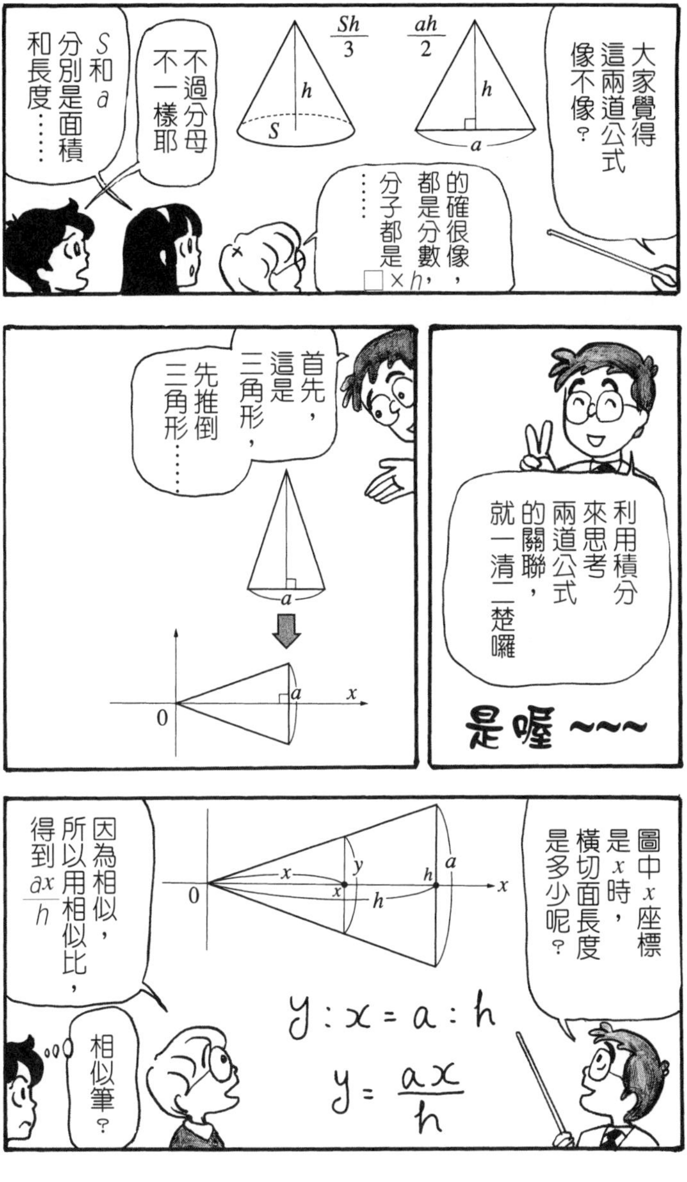
大家覺得這兩道公式像不像？
$\frac{Sh}{3}$
$\frac{ah}{2}$
h
S
h
a
的確很像，都是分數，分子都是□×h，……
不過分母不一樣耶
S和a分別是面積和長度……
利用積分來思考兩道公式的關聯，就一清二楚囉
是喔～～～
首先，這是三角形，先推倒三角形……
a
a
x
0
圖中x座標是x時，橫切面長度是多少呢？
x
y
h
a
x
0
x
h
因為相似，所以用相似比，得到$\frac{ax}{h}$
相似筆？
$y:x=a:h$
$y=\frac{ax}{h}$

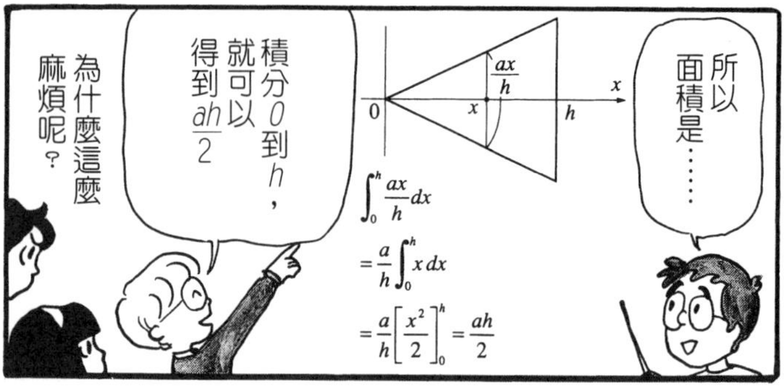

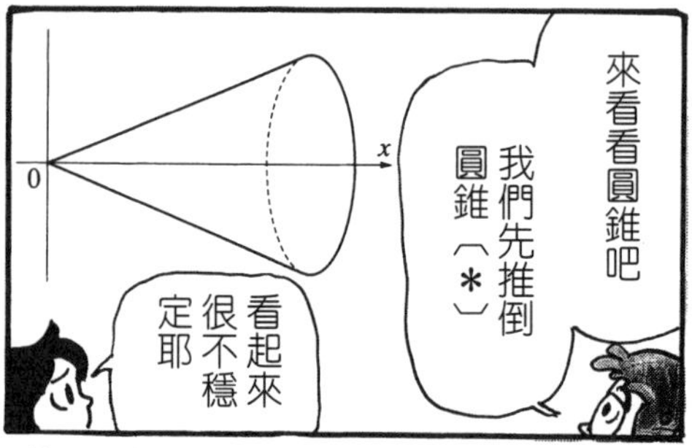

＊推倒純粹是為了以x積分，平常不會實際操作的

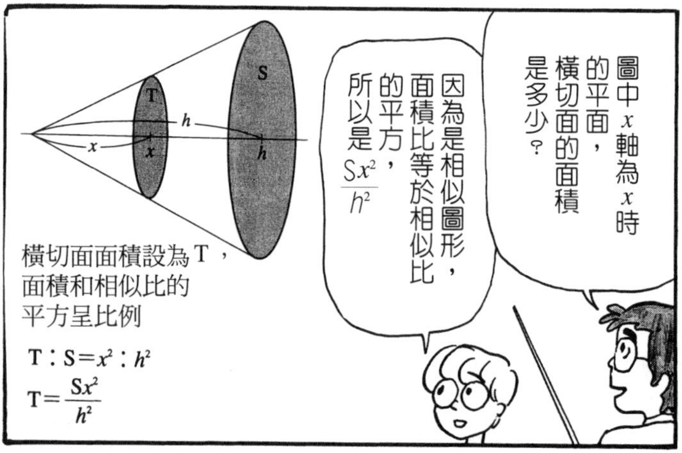

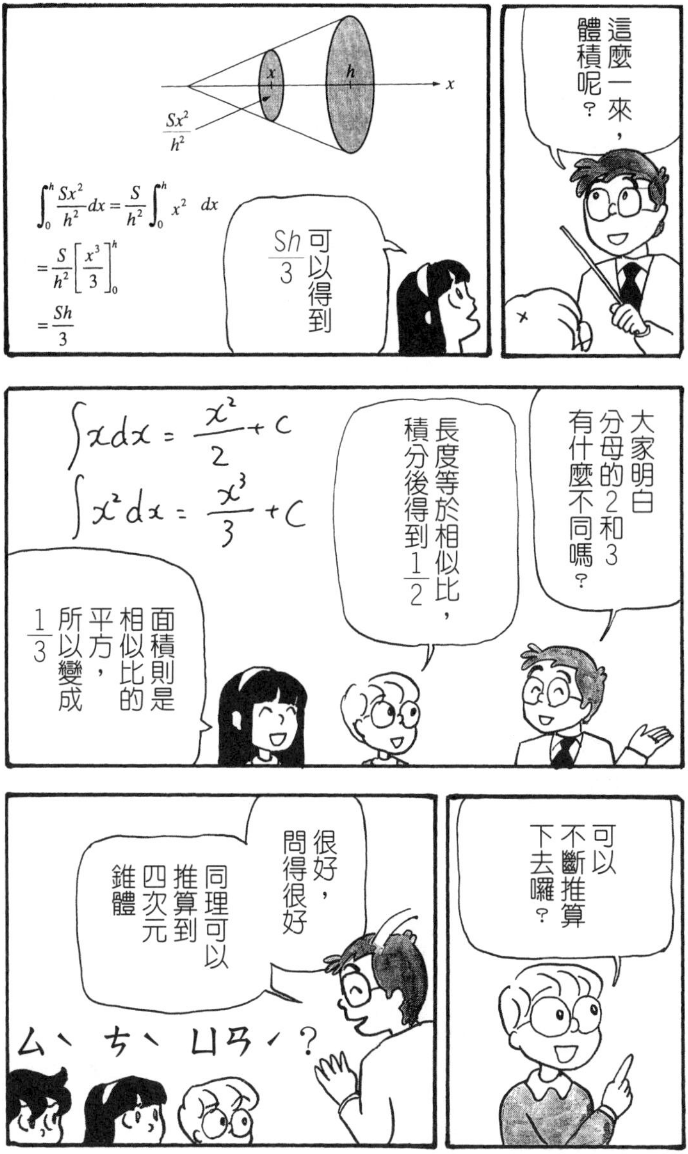
這麼一來，體積呢？
x
h
x
$\frac{Sx^2}{h^2}$
$\int_0^h \frac{Sx^2}{h^2} dx = \frac{S}{h^2}\int_0^h x^2 \ dx$
$= \frac{S}{h^2}\left[\frac{x^3}{3}\right]_0^h$
$= \frac{Sh}{3}$
可以得到$\frac{Sh}{3}$
$\int x dx = \frac{x^2}{2} + C$
$\int x^2 dx = \frac{x^3}{3} + C$
大家明白分母的2和3有什麼不同嗎？
長度等於相似比，積分後得到$\frac{1}{2}$
面積則是相似比的平方，所以變成$\frac{1}{3}$
可以不斷推算下去囉？
很好，問得很好
同理可以推算到四次元錐體
ㄙˋ ㄘˋ ㄩㄢˊ？

三次元空間中加入時間軸後，就成為四次元
就像科幻世界喔
好像可以來一趟時光旅行呢
時間t 體積1
占有空間大小為1
時間t +1 體積1
體積1的物體，占有時間1的大小空間，四次元量就是1
時間
h
假設時間○時，體積V的立方體冰塊，在時間h時，融化成體積0
假設立方體每邊以等比率銳減
通常立方體冰塊融化時，才不會每邊等比率哩
這個物體占有的四次元量是多少呢？（＊）
＊這個問題第一次出現是在《數學補習班》1989年1月號
因為是體積，比例呈相似比的三次方

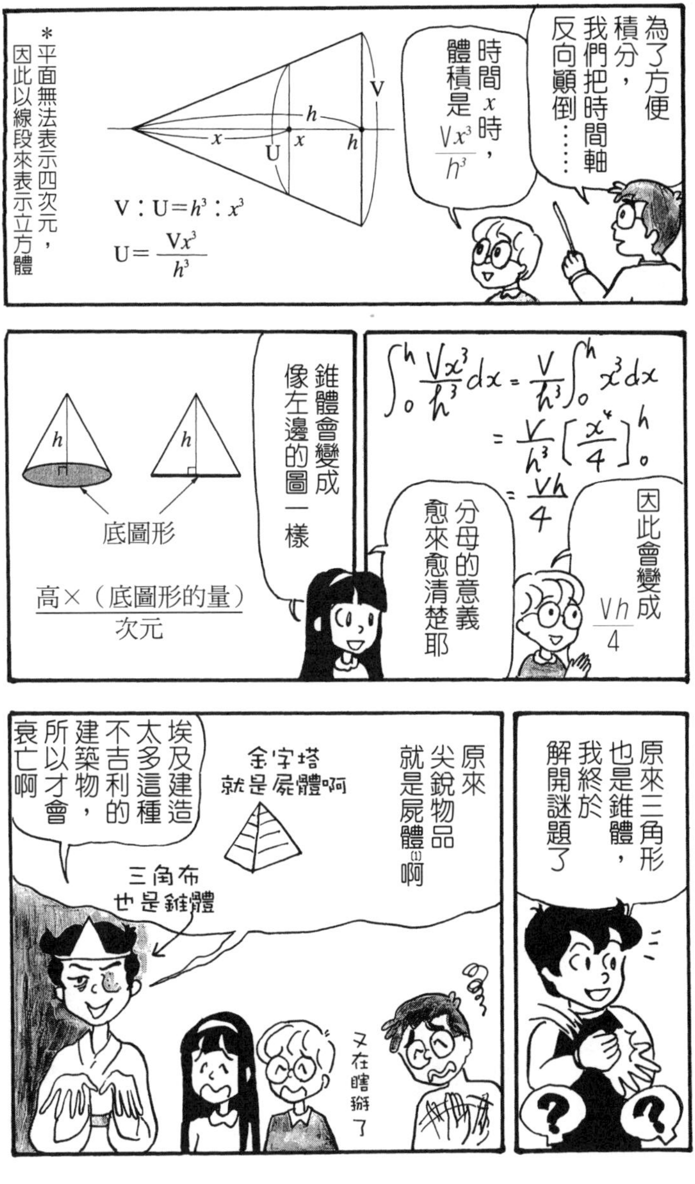

為了方便積分，我們把時間軸反向顛倒……
時間 x 時，體積是 $\frac{Vx^3}{h^3}$
V
U
h
x
x
h
$V：U＝h^3：x^3$
$U＝\frac{Vx^3}{h^3}$
*平面無法表示四次元，因此以線段來表示立方體
$\int_0^h \frac{Vx^3}{h^3}dx = \frac{V}{h^3}\int_0^h x^3 dx$
$= \frac{V}{h^3}\left[\frac{x^4}{4}\right]_0^h$
$= \frac{Vh}{4}$
因此會變成 $\frac{Vh}{4}$
分母的意義愈來愈清楚耶
錐體會變成像左邊的圖一樣
h
h
底圖形
$\frac{高×（底圖形的量）}{次元}$
原來三角形也是錐體，我終於解開謎題了
原來尖銳物品就是屍體[1]啊
金字塔就是屍體啊
埃及建造太多這種不吉利的建築物，所以才會衰亡啊
三角布也是錐體
又在瞎掰了

以卡瓦列里原理計算錐體體積

雖然圖中的錐體體積是Sh/3……
175頁學過這項計算呢
不過，還有積分以外的方法喔
太好了！
國中時，曾經倒水比較體積，對不對？〔＊〕
＊這段課程現在修訂編入日本小學六年級的教材
將水倒滿圓錐體容器……
底面積
S
h
1/3 h
你們看，水位達1/3呢
因此圓錐的體積就是Sh/3
只是看圖解說，其實不是壞事，
不過國中時也提到必須「小心求證」，對不對？
對啊，證明題評分總是吹毛求疵，結果課本只有圖片說明，太沒有說服力了
什麼小心求證，乾脆敷衍了事就行啦
等等……等等

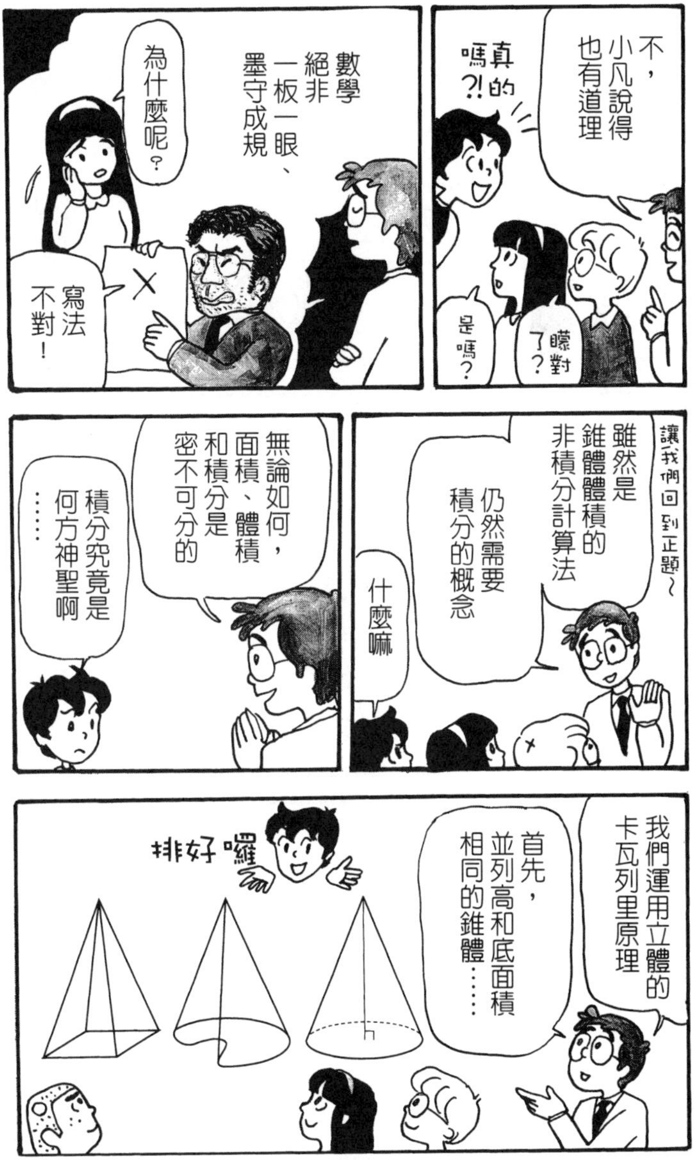
不，小凡說得也有道理
真的嗎?!
矇對了？
是嗎？
數學絕非一板一眼、墨守成規
為什麼呢？
寫法不對！
讓我們回到正題～
雖然是錐體體積的非積分計算法
仍然需要積分的概念
什麼嘛
無論如何，面積、體積和積分是密不可分的
積分究竟是何方神聖啊……
我們運用立體的卡瓦列里原理
首先，並列高和底面積相同的錐體……
排好囉

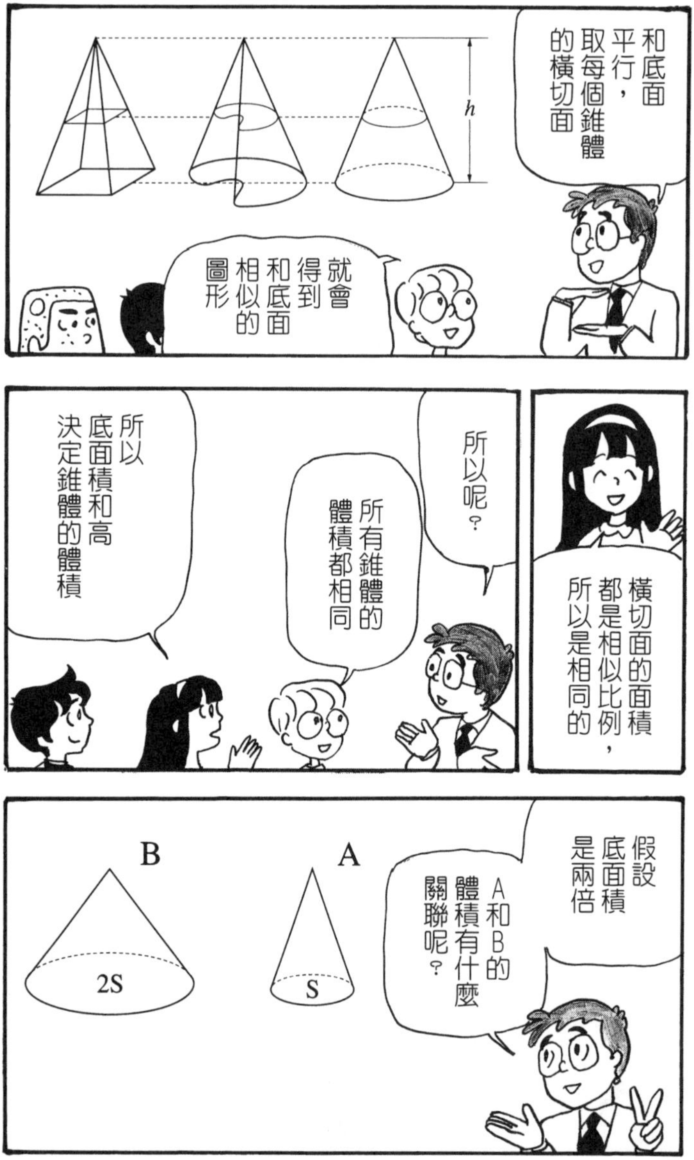

和底面平行，取每個錐體的橫切面
h
就會得到和底面相似的圖形
橫切面的面積都是相似比例，所以是相同的
所以呢？
所有錐體的體積都相同
所以底面積和高決定錐體的體積
假設底面積是兩倍
A和B的體積有什麼關聯呢？
B
A
2S
S

B
A　＋　A
＝　＋
2S
S　S
B＝2A
B等於兩個A的體積
如此推算，B的底面積是r倍，體積就是r倍
很好
大家來想想下一個問題
問將立方體平分成三個獨立錐體
≡　≡

祕訣是找出立方體的一個頂點
將這個頂點作為三個錐體的頂點
啊！我明白了
像這樣，對不對？

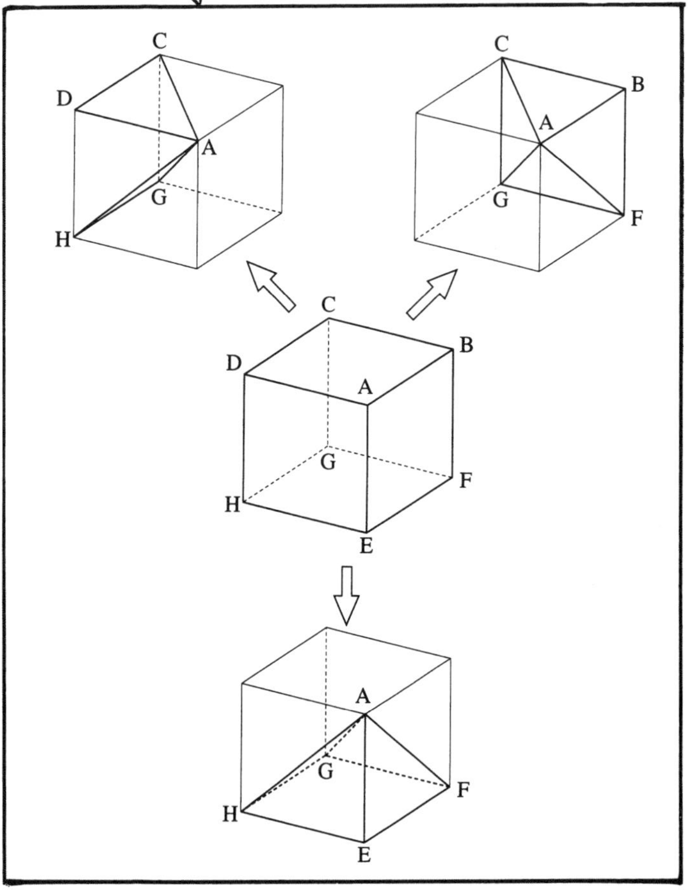
C
D
A
G
H
C
B
A
G
F
C
B
D
A
G
F
H
E
A
G
F
H
E

三個錐體的體積呢？
嗯……立方體的體積是a^3……
因為是$\frac{1}{3}$，所以是$\frac{a^3}{3}$
也可以寫成$\frac{a^2\times a}{3}$
而a^2就是底面積
a
a^2
a^2
這是$\frac{a^3}{3}$
這個體積也是$\frac{a^3}{3}$
哇！好特別喔
這樣推算，高a的一般錐體體積是……
底面積是S的話，
體積是$\frac{S}{a^2}\times\frac{a^3}{3}$
得到$\frac{Sa}{3}$
a
S
a^2
底面積比
$S：a^2$
你真厲害

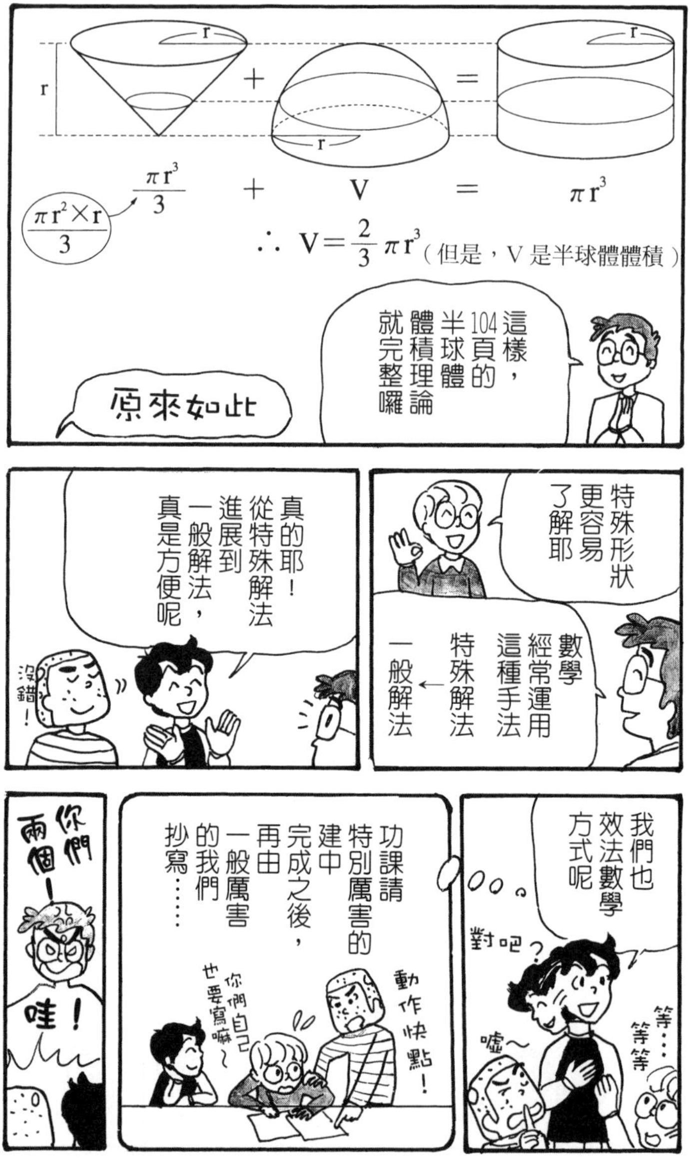
r
r
r
r
+
=
$\frac{\pi r^3}{3}$ + V = πr^3
$\frac{\pi r^2 \times r}{3}$
$\therefore V = \frac{2}{3}\pi r^3$（但是，V 是半球體體積）
這樣，104頁的半球體體積理論就完整囉
原來如此
特殊形狀更容易了解耶
數學經常運用這種手法
特殊解法←一般解法
真的耶！從特殊解法進展到一般解法，真是方便呢
沒錯！
我們也效法數學方式呢
對吧？
噓～
等…等等
功課請特別厲害的建中完成之後，再由一般厲害的我們抄寫……
動作快點！
你們自己也要寫嘛～
你們兩個！
哇！

計算洋蔥體積不需要繩子

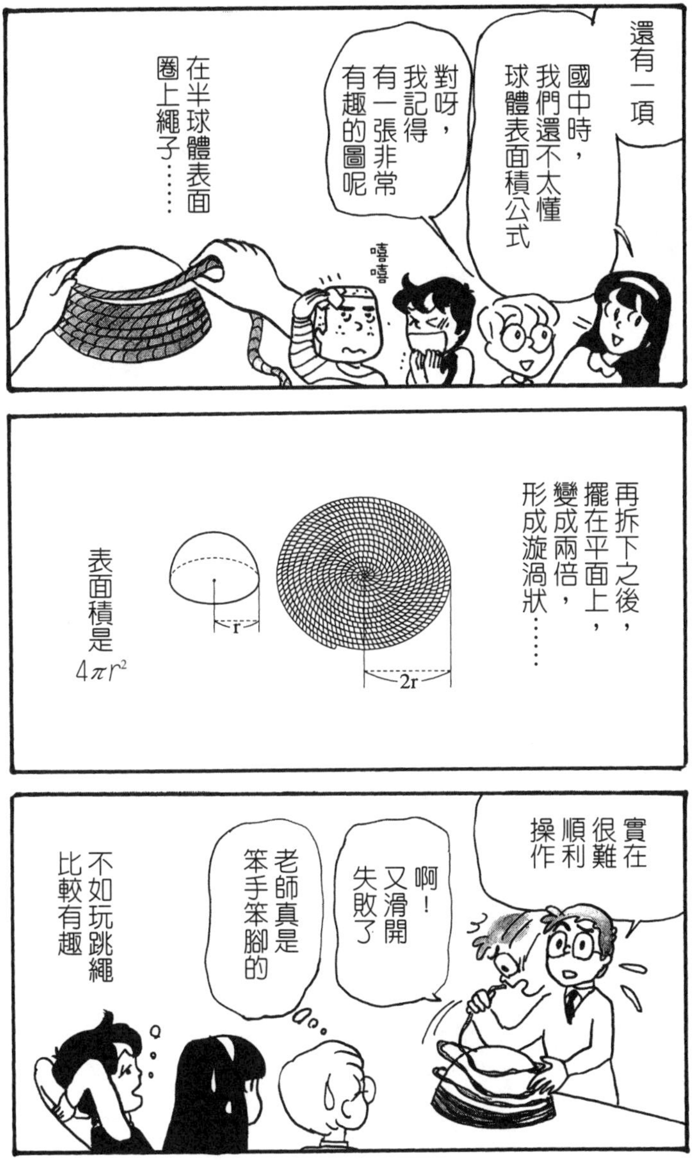
還有一項
國中時，我們還不太懂球體表面積公式
對呀，我記得有一張非常有趣的圖呢
嘻嘻
在半球體表面圈上繩子……
再拆下之後，擺在平面上，變成兩倍，形成漩渦狀……
2r
r
表面積是 $4\pi r^2$
實在很難順利操作
啊！又滑開失敗了
老師真是笨手笨腳的
不如玩跳繩比較有趣

老師不愧是一位教育家呢
對，對
真令我欣慰啊♡
因為老師總是實驗失敗
所以利用公式講解來掩飾
被你看穿了……
哇！真是高招
總之呢，工具先擺在一旁……
大家知道怎麼計算嗎？
大家回想一下捲筒衛生紙的面積計算
扇形和三角形的關係，對不對？
剪開
l
可是捲筒衛生紙是圓的，這個是球體耶

數學的訣竅就是依此類推
小木屋
小木屋洞穴(2)
???
不對啦！是假借相似種類來推論的意思
捲筒衛生紙是由一層一層薄薄的同心圓構成的
球體也非常相似，對不對？
嗯？
運用依此類推的道理，圓形是同心圓，球體就是同心球囉
你在說什麼啊？
很簡單囉，我只是把圓改成球……
對！你的想法非常好！

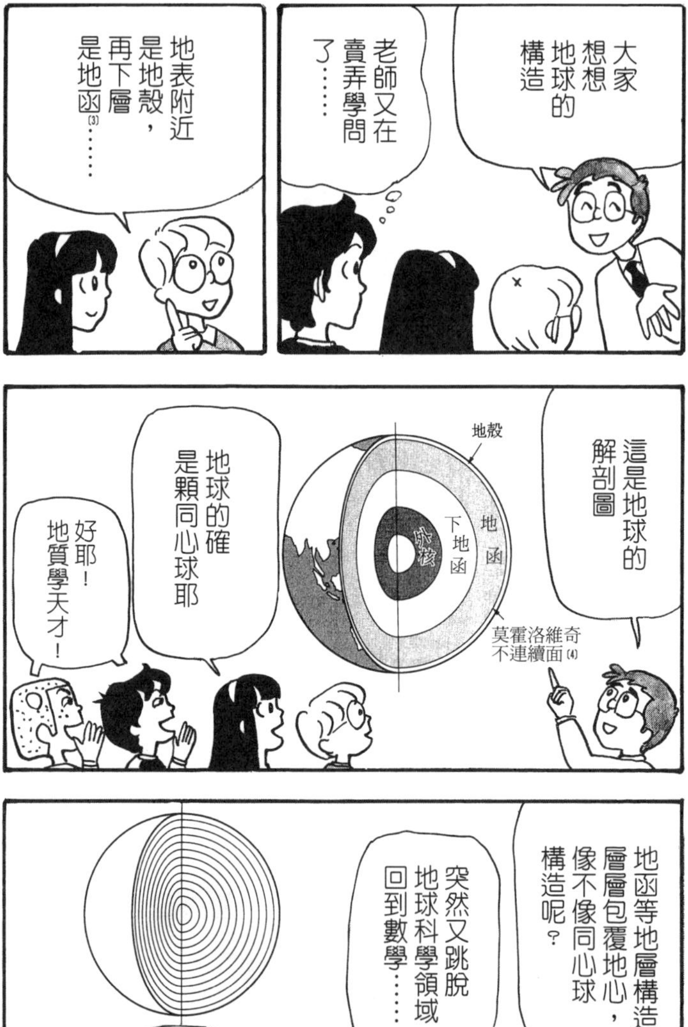
大家想想地球的構造
老師又在賣弄學問了……
地表附近是地殼，再下層是地函(3)……
這是地球的解剖圖
地殼
地函
下地函
外核
莫霍洛維奇不連續面(4)
地球的確是顆同心球耶
好耶！地質學天才！
地函等地層構造層層包覆地心，像不像同心球構造呢？
突然又跳脫地球科學領域，回到數學……
看起來就像洋蔥

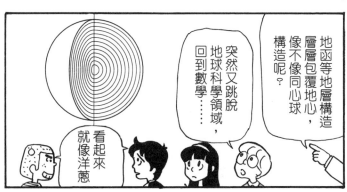

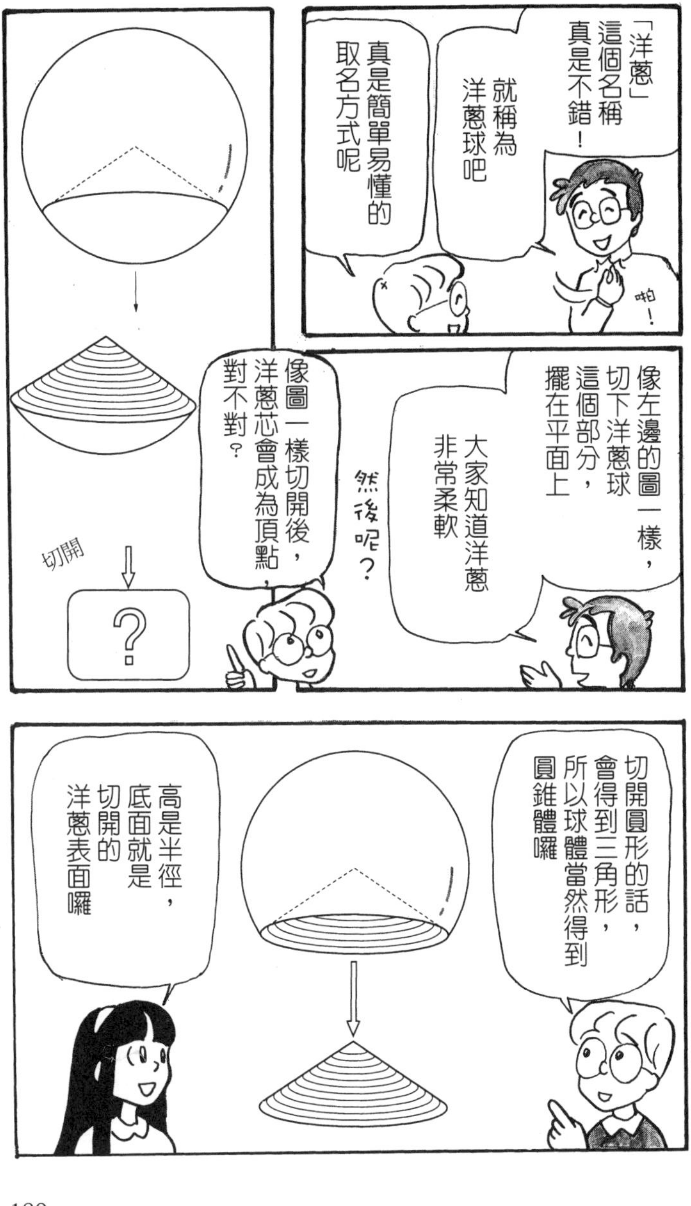
「洋蔥」這個名稱真是不錯！
就稱為洋蔥球吧
真是簡單易懂的取名方式呢
啪！
像左邊的圖一樣，切下洋蔥球這個部分，擺在平面上
大家知道洋蔥非常柔軟
然後呢？
像圖一樣切開後，洋蔥芯會成為頂點，對不對？
切開
?
切開圓形的話，會得到三角形，所以球體當然得到圓錐體囉
高是半徑，底面就是切開的洋蔥表面囉

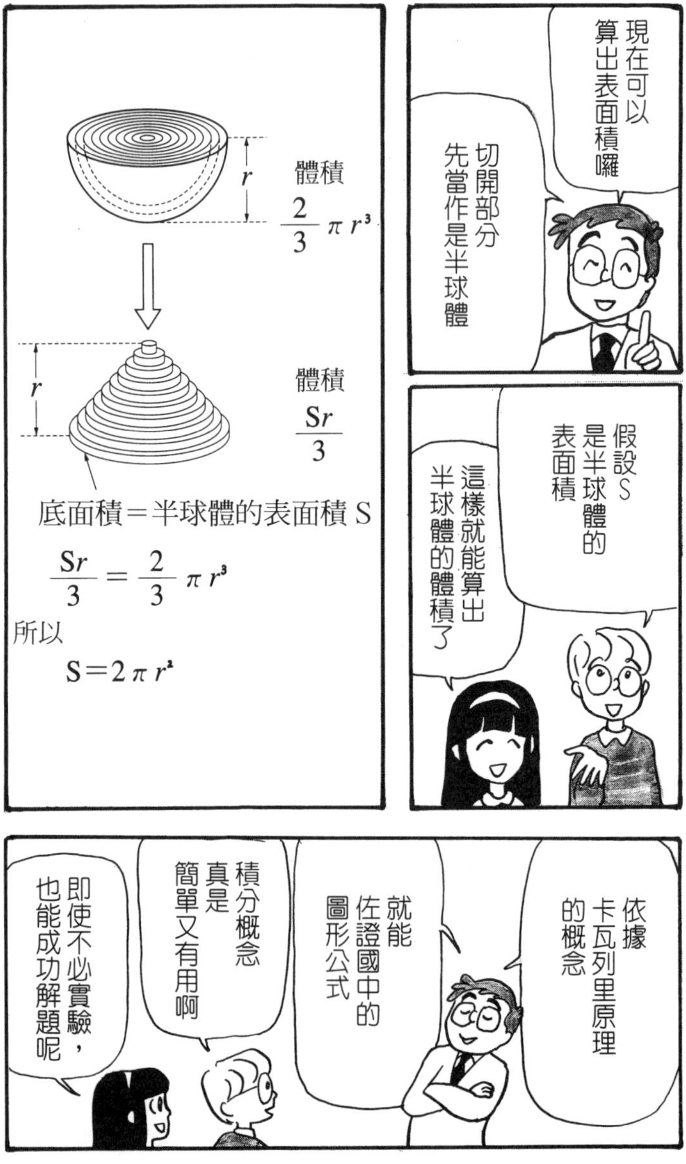
現在可以算出表面積囉
切開部分先當作是半球體
假設S是半球體的表面積
這樣就能算出半球體的體積了
r
體積
$\frac{2}{3}\pi r^3$
r
體積
$\frac{Sr}{3}$
底面積＝半球體的表面積 S
$\frac{Sr}{3}=\frac{2}{3}\pi r^3$
所以
$S=2\pi r^2$
依據卡瓦列里原理的概念
就能佐證國中的圖形公式
積分概念真是簡單又有用啊
即使不必實驗，也能成功解題呢

所以，根本不需要繩子！
太好了
太好了
老師，真的不需要繩子啊
的確不需要啊
轉頭
咦？怎麼轉眼間
明明是小凡的聲音，怎麼人不見了？
瞬間消失
喂！怎麼又蹺課……咦？你們兩個在做什麼啊？
既然有繩子，應該來玩玩警察捉小偷嘛……
所以我說不需要繩子嘛……
太緊了啦～

解說

日本國中課本有一章是談「圖形和證明」。NHK教育節目《這種義務教育可行嗎？》（義務教育はこれでよいのか），曾經強烈抨擊這個章節。該節目主張「爲什麼得教導學生這麼艱澀難懂的證明題」。節目播出之後，引發很多議論（請參照《數學補習班》1992年4月號《〈這種義務教育可行嗎？〉的節目可行嗎？〉一文）。我認爲節目中並未探討學生討厭證明題的眞正原因。其實，在評斷證明題是否正確時，不考慮學生是不是眞正理解，只考慮是否符合形式，挑剔細微末節，然後扣分；這種評分方式，即使是數學家也會討厭證明題。

對於證明題的給分，吹毛求疵；對公式證明卻敷衍帶過，例如只以「將圓錐容器中的水倒入圓柱容器中，水位達$\frac{1}{3}$，所以圓錐體積是……」，這樣的教法讓人難以信服接受。正確的作法應該是思考如何讓圓錐和球體的體積、球面的表面積等更合理、更符合理論。

第一章提及使用積分即可統一各種量，也明示扇形和三角形的親戚關係；依此類推，三角形和錐體（圓錐、三角錐、四角錐等）也是親戚關係。因此，根據卡瓦列里原理可以了解，即使不用積分，依舊能夠解題；再加上「切開捲筒衛生紙的方法論」，就能獲得完整的表面積計算方法。

註釋

1 「錐體」和「屍體」日語發音相似。

2 「依此類推」的日文「アナロジー」是外來語「analogy」；「ana」和「洞穴」的日語發音相同，「logy」和「小木屋」（lodge）發音相同。

3 mantle，地層的一部分，位於地殼之下、地核之上。

4 Mohorovicic discontinuity，地殼和地函之間的界面。１９０９年，克羅埃西亞氣象學和地球物理學家莫霍洛維奇（Andrija Mohorovicic, 1857-1936）發現的界面，因而得名。

本書在各章中陸續提及微分和積分在日常生活裡的應用。但微分和積分的應用，還有更多令人意想不到的驚奇。如果能夠充分運用微分和積分的概念，一定能夠多方拓展視野。

第八章　從開高叉到化石的年代測定

——微分和積分的概念竟然可以這樣用——

開車和微分

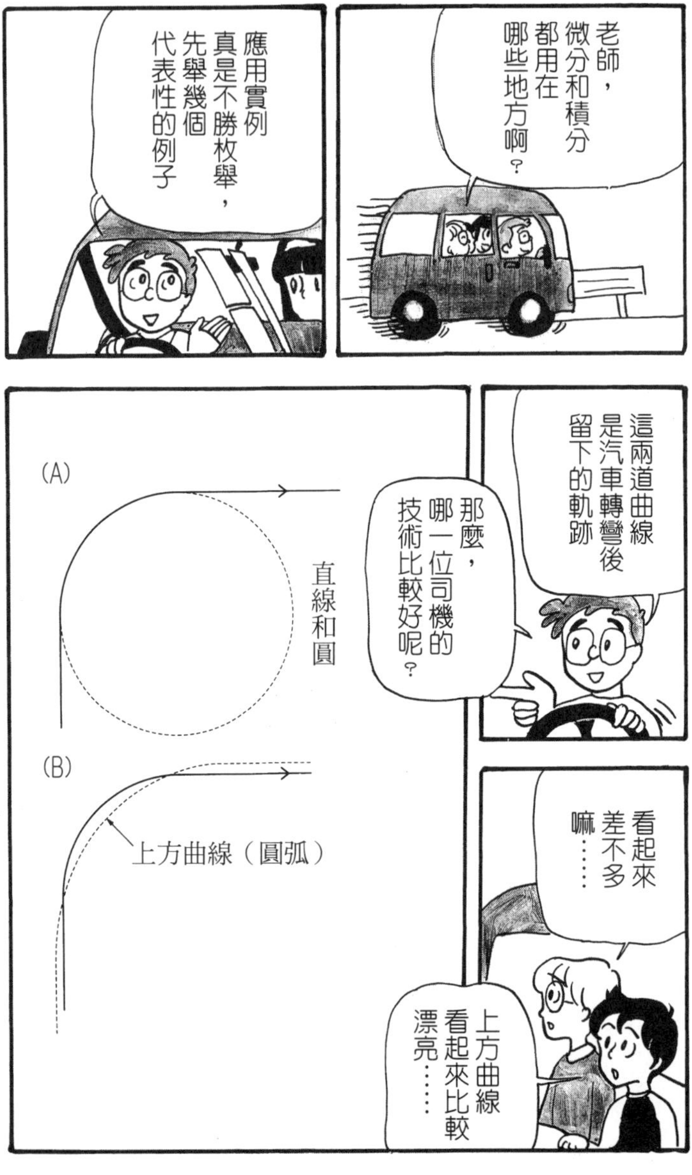

老師，微分和積分都用在哪些地方啊？
應用實例真是不勝枚舉，先舉幾個代表性的例子
這兩道曲線是汽車轉彎後留下的軌跡
那麼，哪一位司機的技術比較好呢？
看起來差不多嘛……
上方曲線看起來比較漂亮……
(A)
直線和圓
(B)
上方曲線（圓弧）

其實是下方的開車技術比較好喔
什麼！

大家想想方向盤的操作

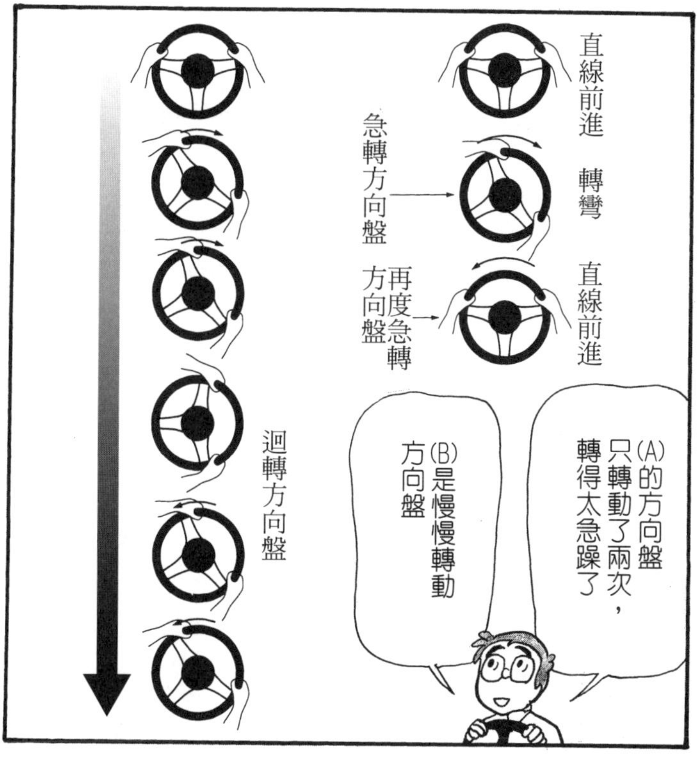
直線前進
轉彎
直線前進
急轉方向盤
再度急轉方向盤
迴轉方向盤
(A)的方向盤只轉動了兩次，轉得太急躁了
(B)是慢慢轉動方向盤

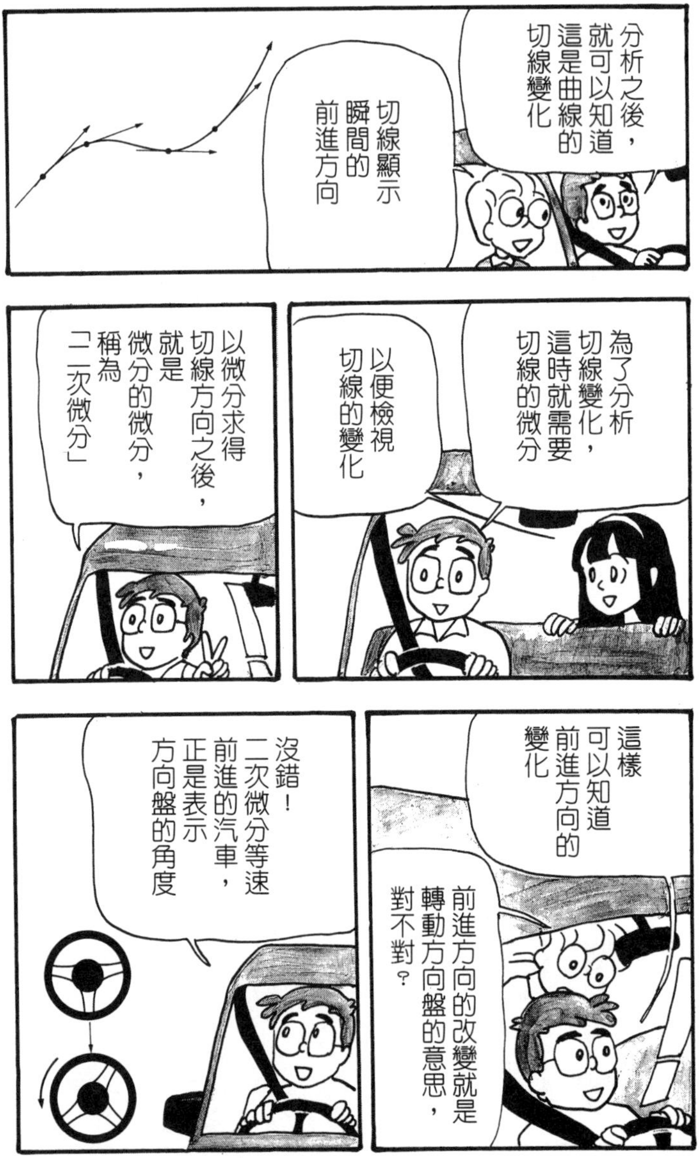
分析之後，就可以知道這是曲線的切線變化
切線顯示瞬間的前進方向
為了分析切線變化，這時就需要切線的微分
以便檢視切線的變化
以微分求得切線方向之後，就是微分的微分，稱為「二次微分」
這樣可以知道前進方向的變化
前進方向的改變就是轉動方向盤的意思，對不對？
沒錯！二次微分等速前進的汽車，正是表示方向盤的角度

所以，開車技術好不好，可以用微分表示囉
開車技術超群所呈現的軌跡曲線
稱為「克羅梭曲線」
y
0
x
這是在不疾不徐轉動方向盤時，才會出現的曲線
經常用在高速公路等道路上
交流道也經常出現這種和緩彎道
碰！
……不過，前提是老師的開車技術必須夠水準才行啊
啊！來了，來了
你的開車技術真差勁！竟然在這種地方洗溝?!
不好意思
日本汽車聯盟

導航是積分

哇！老師安裝了導航設備耶
是啊！你們都看到了
哇！
好神奇喔
這也是積分的應用呢
為什麼呢？
剛才教大家方向變化是二次微分
這個則是和加速度有關
積分加速度的話，就得到速度(包含方向)
然後再積分，就能夠得到所在位置啦
有聽沒懂
???
老師換個方式來說明

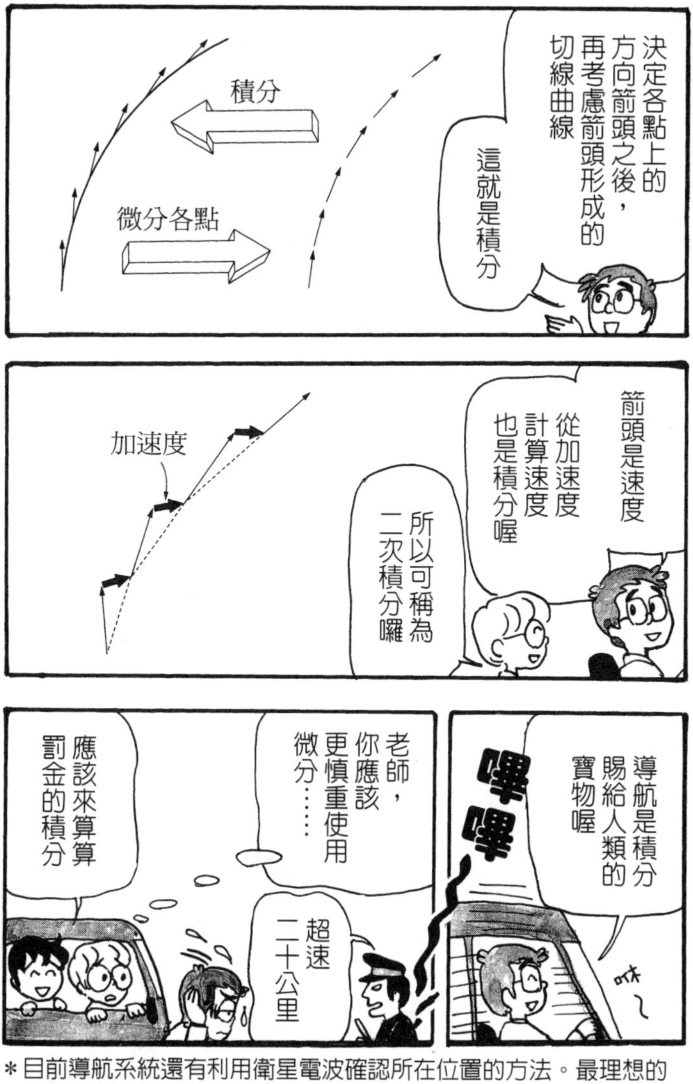

＊目前導航系統還有利用衛星電波確認所在位置的方法。最理想的計算偵測方式是兩種方法並用

在設計方面的應用

設計也運用微分和積分的概念喔
啊！這本也有提到
畫數學入門漫

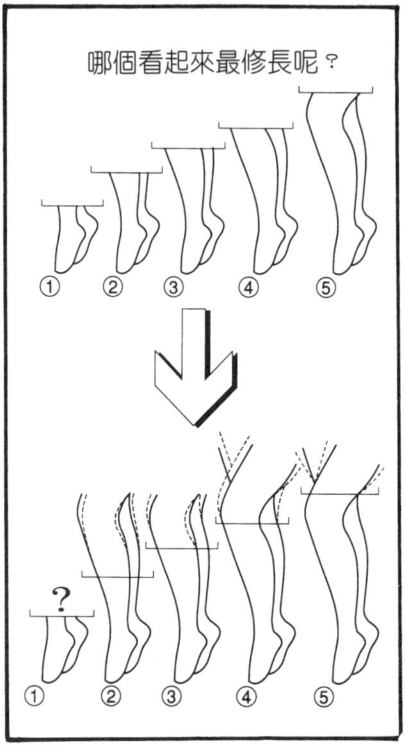
哪個看起來最修長呢？
①
②
③
④
⑤
?
①
②
③
④
⑤

＊請參照筑摩書房《漫畫數學入門》

④看起來比較修長，是因為人類視覺自動畫出了切線

所以啊，微分概念可以應用在各種地方喔
例如汽車的流線造型也是呀

開高叉讓腿看起來修長，就是運用微分的概念呀

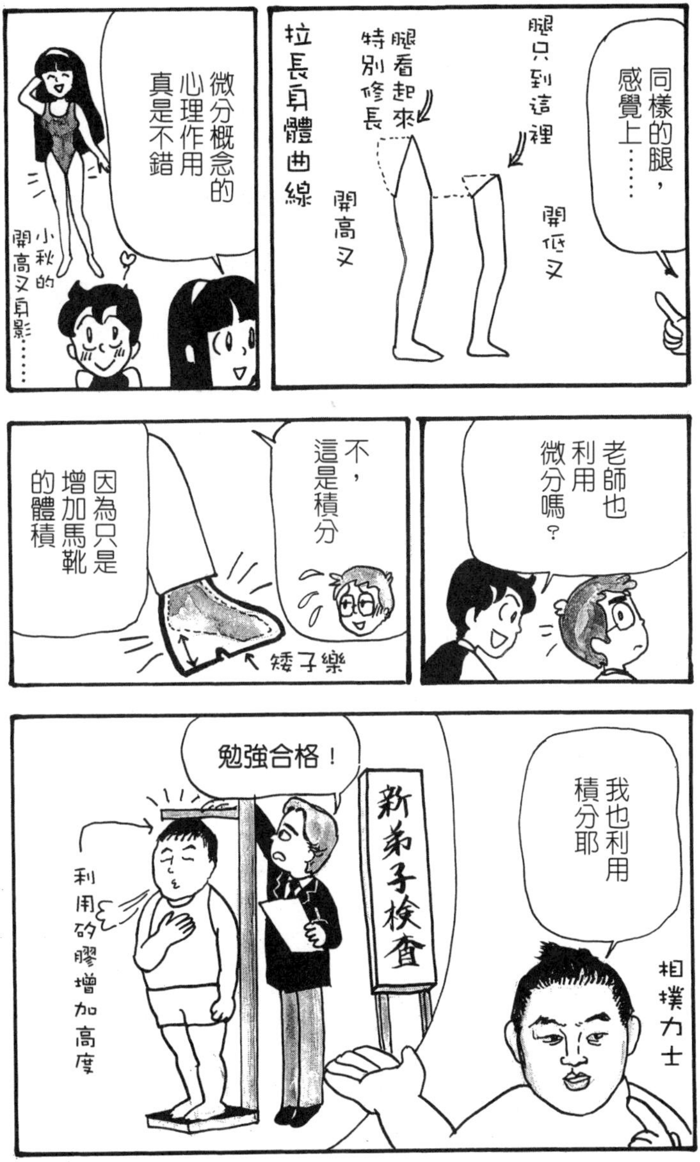
同樣的腿，感覺上……
腿只到這裡
開低叉
腿看起來特別修長
開高叉
拉長身體曲線
微分概念的心理作用真是不錯
小秋的開高叉身影……
老師也利用微分嗎？
不，這是積分
因為只是增加馬靴的體積
矮子樂
我也利用積分耶
相撲力士
新弟子検査
勉強合格！
利用矽膠增加高度

無法微分的點

到目前為止，老師教的都是能夠微分的例子
不過並非所有函數都能夠微分呢
＊能夠微分＝能夠畫出切線的函數，就能夠微分；無法畫出切線（如尖銳的點），則無法微分

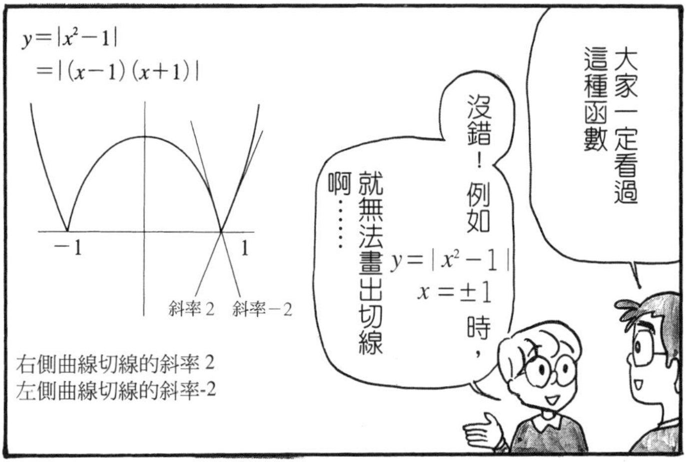
大家一定看過這種函數
沒錯！例如 y＝|x²－1| x＝±1 時，就無法畫出切線啊……
y＝|x²－1|
＝|(x－1)(x＋1)|
－1
1
斜率 2
斜率－2
右側曲線切線的斜率 2
左側曲線切線的斜率-2

其實這本書曾經提到喔
啊！26頁的撐竿跳高！
還有我的成績圖表

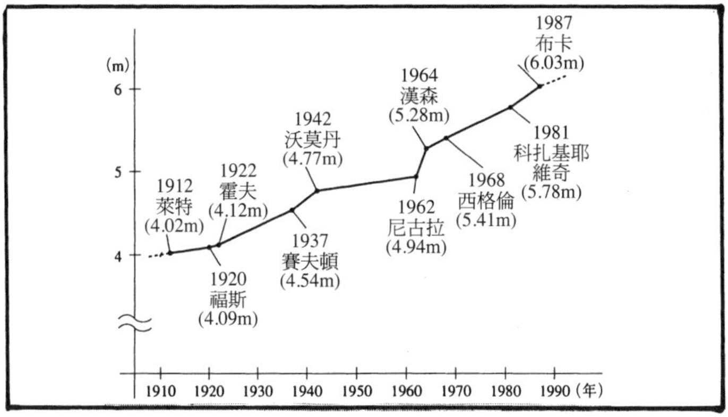
(m)
6
5
4
1912
萊特
(4.02m)
1920
福斯
(4.09m)
1922
霍夫
(4.12m)
1937
賽夫頓
(4.54m)
1942
沃莫丹
(4.77m)
1962
尼古拉
(4.94m)
1964
漢森
(5.28m)
1968
西格倫
(5.41m)
1981
科扎基耶
維奇
(5.78m)
1987
布卡
(6.03m)
1910
1920
1930
1940
1950
1960
1970
1980
1990 (年)

這些圖表的重點在於無法畫出切線
跳竿的材質改良……
還有眼睛疲勞……

其實很多自然現象也是一樣的道理

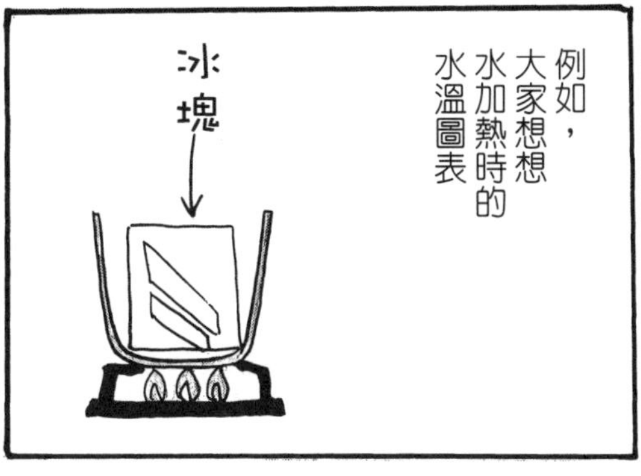
例如，大家想想水加熱時的水溫圖表
冰塊

這是大家熟悉的水溫變化圖
100
C
0
A
B
＊A點通常呈
的形狀
究竟發生了什麼事呢？
在A時，冰塊開始融化
在B時，全部融化成水
在C時，水已經沸騰了
大家再更仔細觀察
注意看AB的長度
取BC和AB等長的話，C變成80℃呢
100
80
A
B
C

水溫上升1度，需要1大卡
原來如此！從圖表可以知道冰塊的融解熱量是80大卡
……對了，我也利用老師的珍寶製作很棒的實例喔
喂！什麼呢？
不祥預感…
悄悄～
尋找中
嗚嗚嗚啊、啊、啊、
請注意這裡無法微分
腿軟～
我的盆栽……
他真的創造不可能微分的實例呢

傷心欲絕…
這是我最心愛的盆栽
算了，不管盆栽了
其實還有收關人命的實例呢
什麼～～!!
大家看看這張圖表
在P點明顯發生異常狀況
看起來好像快折斷了
轉動抵抗係數
P
速度
危險
這是速度和輪胎轉動的抵抗係數圖
在某處的抵抗係數突然大增
究竟發生了什麼事呢？

這種現象稱為「駐波」[1]，輪胎會產生波動，造成抵抗係數上升
只是抵抗係數上升的話，應該不成問題吧
但是，如果這種狀態一直持續，輪胎會破裂，就非常危險了
也就是汽車安全亮紅燈囉
P
破裂
即使能夠微分的實例，還是會亮紅燈啦
小凡的成績
全部〇分
平坦直線
0
你的成績滿江紅，升級亮紅燈了
對不起
哈哈哈

不連續性的意義

有些圖表線條根本無法連結，已經超出能否微分的範圍
再舉剛才的水溫問題為例，這是體積和水溫的關係
體積
1
0
4℃
100℃
這張圖的直軸數值不夠精確
因為100℃時，竟然變成1000倍
因為蒸發成氣體了
這張圖的最小值設定為4℃
的確如此耶
不過還是比不上100℃的威力吧

噗~噗~ ~~~
蒸汽火車就是利用這項原理
這種圖表不相連的點
稱為「不連續點」
不連續性很重要呢
啊！我知道不連續性和蒸汽火車的共通點是什麼了
你放屁好臭啊……
……告訴你喔
好臭！
噗噗
一邊排出氣體一邊跑步
嗯？什麼事啊？
又是無關緊要的實例……

不連續性的利用

其他實例還包括188頁的地球構造
什麼？難道必須挖掘研究嗎？
努力挖掘
實際挖掘研究的話，會噴出大量熔岩，太危險了
哇
地殼
地
函
被噴出來啦……
因此改成設法製造人工地震，調查波動傳導變化
這是地震波圖表和構造想像圖
速度的不連續點決定地球的內部構造耶

地球內部的地震波速度變化

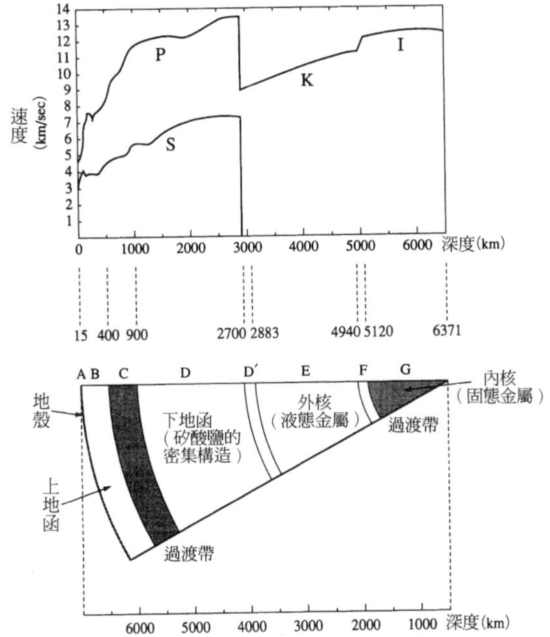

波動傳導方式

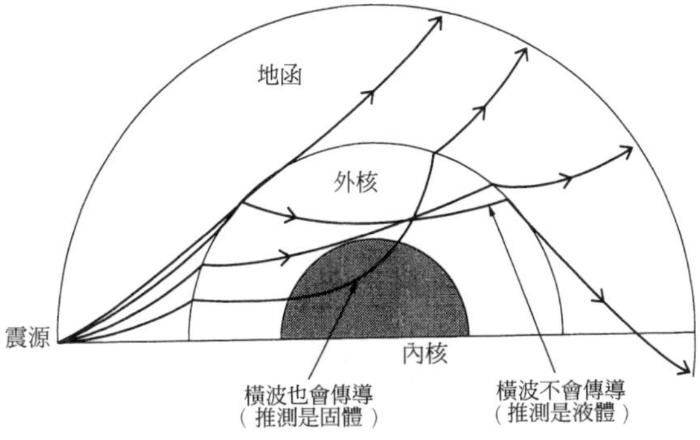

＊請參照我的著作《原來如此私塾》(なるほどゼミナール)

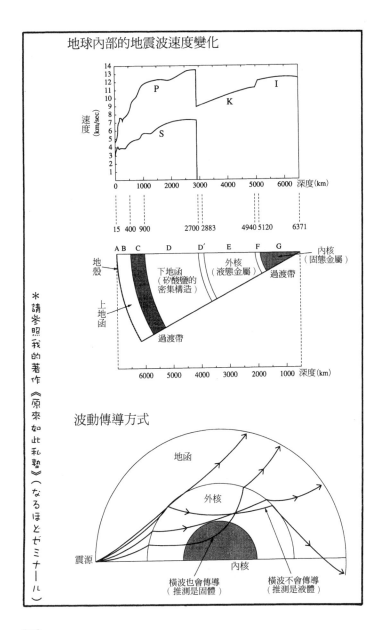

醫學也運用相同的原理
大家知道「CT掃描」嗎？
我才不管什麼掃描呢，花子和岡部的醜聞(2)真是太糟糕了
芸能
CT掃描是電腦斷層診斷裝置
這張是腦部圖片
認真上課！
沒收！
啊！被搶走了
腦部葡萄糖代謝分布圖
透過這項裝置，可以研究右腦和左腦的功能
怎麼研究啊？

例如，欣賞音樂之後
裝置會探測到右腦的代謝特別活躍
哇～～♡
我也來試試
碰！
哇！
你怎麼突然打我啊？
讓我瞧瞧！
喂～！禁止使用暴力！
我想研究小凡的腦部，所以才製造人工頭部地震啊
我了解你的想法，但是禁止使用暴力！
小凡的腦袋不研究也知道結果……
對不起啦！
喔好痛～

化石年代測定的運用

大家聽過放射線物質的半衰期嗎？
例如，植物裡含有14C（碳14），腐敗之後，經過5568年，蘊含量會減半
動物攝取含有14C的植物
興高采烈
如果某個化石中的14C比率，只有初期的1/8的話，表示是一半的一半的一半……
所以是3×5568，約1萬6千年前的意思
但不是所有的化石年代都是5568的倍數啊
因此
我們需要更普遍的公式
大前提就是這個
y是放射性物質的量
x是時間
$\frac{dy}{dx}=-ky$ 成立
也就是腐壞衰減的速度和該物質的量成比例的意思囉

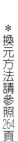

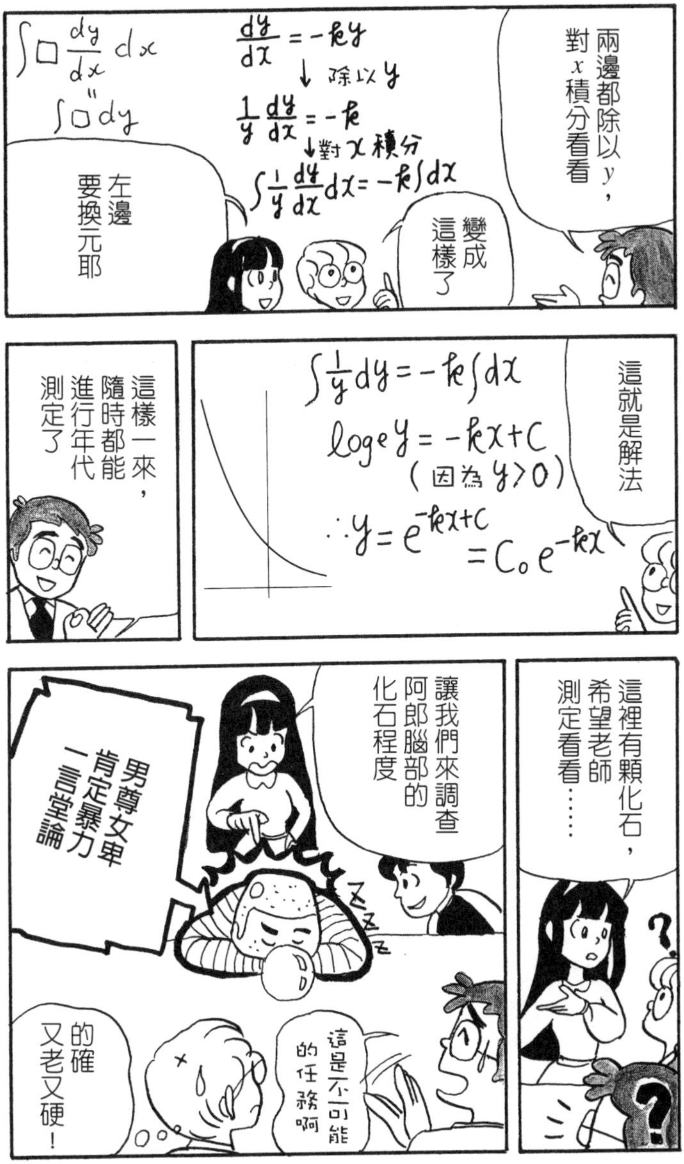

＊換元方法請參照264頁

人造衛星的速度計算

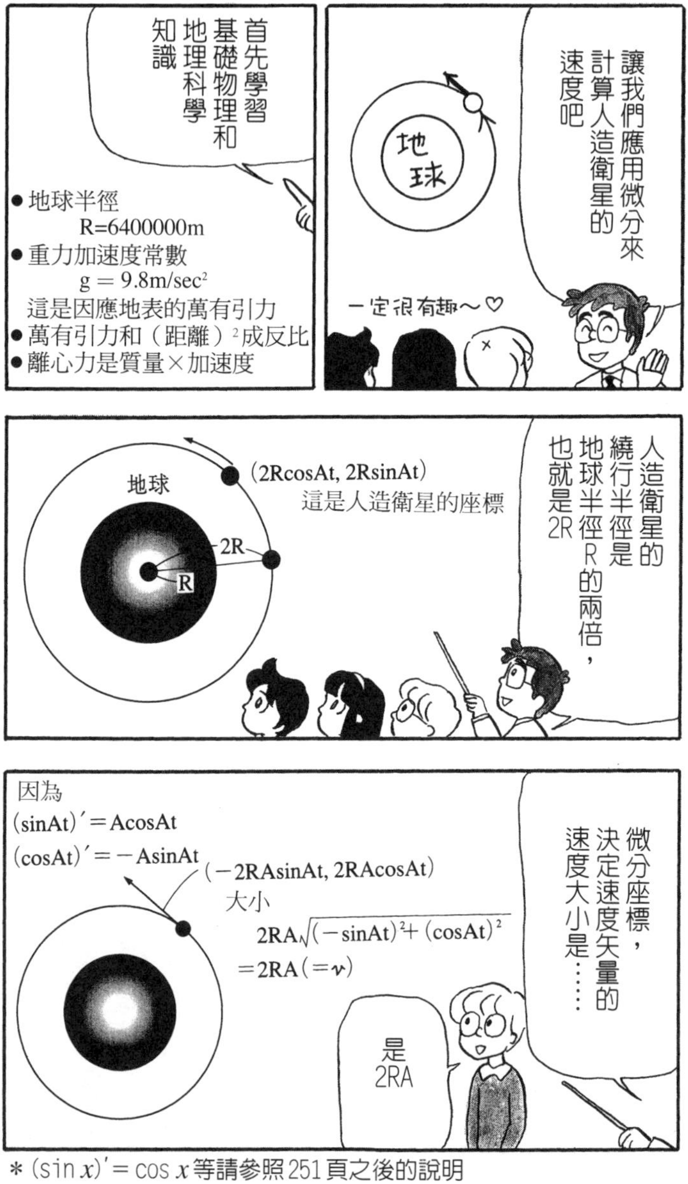
讓我們應用微分來計算人造衛星的速度吧
地球
一定很有趣～♡
首先學習基礎物理和地理科學知識
● 地球半徑
R=6400000m
● 重力加速度常數
$g = 9.8m/sec^2$
這是因應地表的萬有引力
● 萬有引力和（距離）^{2}成反比
● 離心力是質量×加速度
人造衛星的繞行半徑是地球半徑R的兩倍，也就是2R
地球
(2RcosAt, 2RsinAt)
這是人造衛星的座標
2R
R
微分座標，決定速度矢量的速度大小是……
因為
$(\sin At)' = A\cos At$
$(\cos At)' = -A\sin At$
$(-2RA\sin At, 2RA\cos At)$
大小
$2RA\sqrt{(-\sin At)^2 + (\cos At)^2}$
$= 2RA (= v)$
是2RA

＊$(\sin x)' = \cos x$等請參照251頁之後的說明

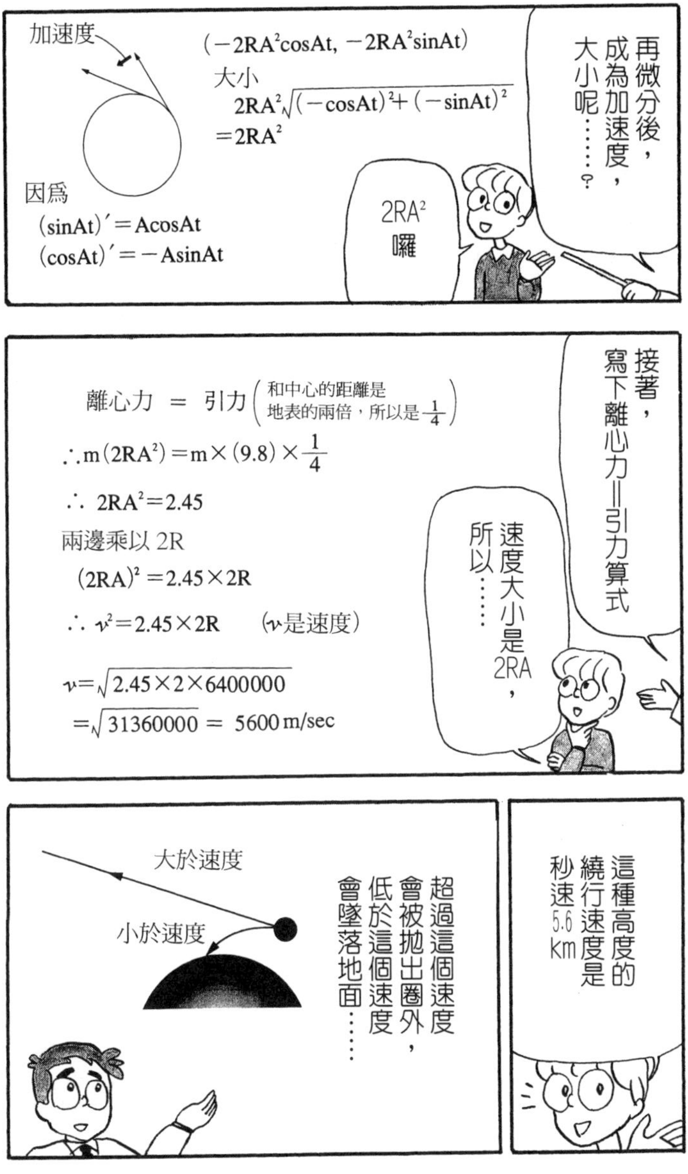
再微分後，成為加速度，大小呢……？
加速度
$(-2RA^2\cos At, -2RA^2\sin At)$
大小
$2RA^2\sqrt{(-\cos At)^2+(-\sin At)^2}$
$=2RA^2$
因為
$(\sin At)'=A\cos At$
$(\cos At)'=-A\sin At$
$2RA^2$ 囉
接著，寫下離心力＝引力算式
離心力 ＝ 引力（和中心的距離是地表的兩倍，所以是$\frac{1}{4}$）
$\therefore m(2RA^2)=m\times(9.8)\times\frac{1}{4}$
$\therefore 2RA^2=2.45$
兩邊乘以 2R
$(2RA)^2=2.45\times 2R$
$\therefore v^2=2.45\times 2R$ （v是速度）
$v=\sqrt{2.45\times 2\times 6400000}$
$=\sqrt{31360000}=5600$ m/sec
速度大小是2RA，所以……
這種高度的繞行速度是秒速5.6 km
大於速度
小於速度
超過這個速度會被拋出圈外，低於這個速度會墜落地面……

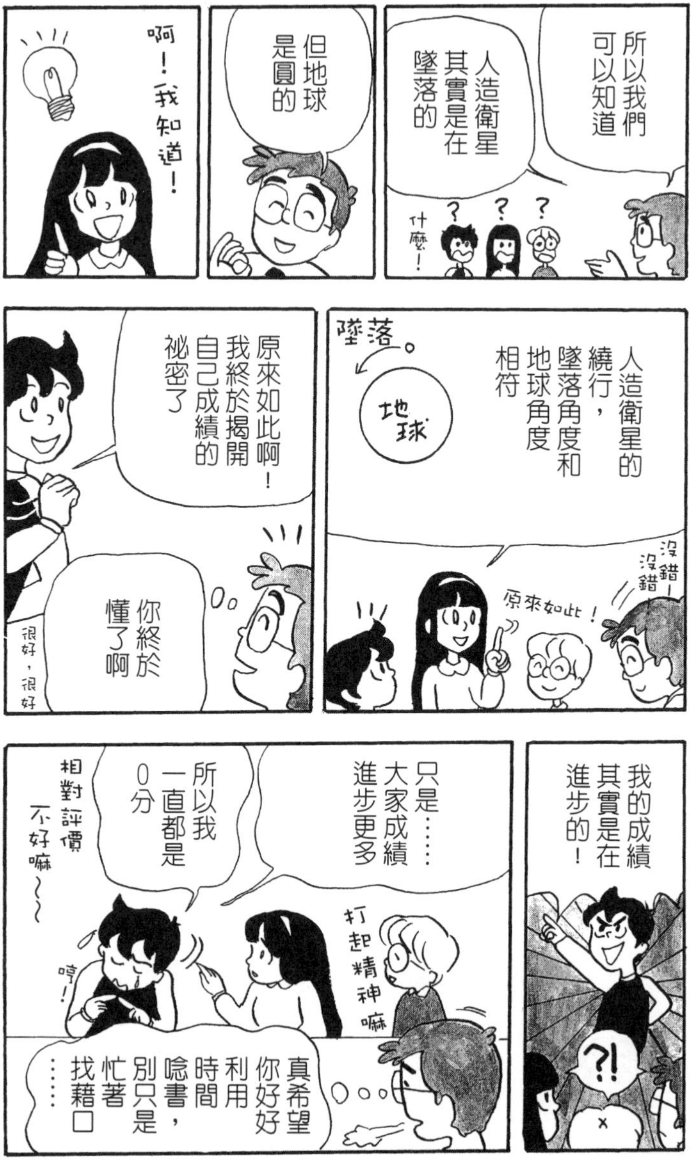
所以我們可以知道
人造衛星其實是在墜落的
？ ？ ？
什麼！
但地球是圓的
啊！我知道！
人造衛星的繞行，墜落角度和地球角度相符
墜落。
地球
沒錯！沒錯！
原來如此！
原來如此啊！我終於揭開自己成績的祕密了
你終於懂了啊
很好，很好
我的成績其實是在進步的！
?!
只是……大家成績進步更多
所以我一直都是0分
相對評價不好嘛～～
哼！
打起精神嘛
真希望你好好利用時間唸書，別只是忙著找藉口……

解說

汽車駕駛與微分和積分有著密不可分的關係。第一章和第三章分別提及行走距離、速度、加速度的關係，但還沒有提到彎曲道路，只是暫時假定道路皆爲直線，進而將加速度進行速度微分，了解速度的變化。

然而，在彎曲的道路上，以一定時速60km／h行走時，加速度是0嗎？答案是NO。因爲在彎曲的道路上，汽車必須改變行進方向。平常所提的「速度」並未包含方向，物理學或數學必須包含方向。換言之，速度變化還必須包含方向。因此，本章教導二次微分的加速度是表示汽車軌跡曲線切線的變化方向。一定速度時，轉動方向盤的角度愈大，加速度愈大；反之，轉動角度愈小，加速度愈小。高速道路設計運用曲線加速度的原理，採用克羅梭曲線。讀者一定很驚訝，原來微分也能應用在道路設計。此外，利用積分方法，積分加速度之後所得到的速度，再積分這項速度，就能創造得知汽車所在位置的導航系統。

汽車還有一個應用微分和積分的地方。這是設計方面的問題。設計時絕對少不了微分概念。如裙子長度、開高叉等就是運用相關微分觀點，利用拉長曲線造成視覺心理效果。

此外，放射線物質的半衰期問題、人造衛星的速度計算等，其實都是非常正統的微分和積分應用。發現多顆彗星的池谷薰[3]甚至上夜校學習微積分，只希望能夠計算自己發現的彗星的軌道。

本章還特地提及雖然呈現曲折卻不可能微分的點，以及圖表線條不連結的不連續點。這些在微分和積分領域不易學習，因此經常被學校教育忽視。不過，這些點經常表示物質本質的轉換，希望讀者留意。

註釋

1 standing wave，兩束頻率與振幅都相同的波沿相反方向傳播所產生的組合波，這種現象是來自波相互干涉的結果。

2 日文「掃描」（スキャン，scan）和「醜聞」（スキャンダル，scandal）皆是外來語，發音相似。

3 1943-，靜岡縣人，日本著名業餘天文學家。1963年，他首度發現新彗星，命名為池谷彗星；其後五年間總計發現五顆新彗星，其中最著名的是1965年和關勉共同發現的池谷．關彗星。三十五年後，2002年2月1日，他和中國的張大慶發現池谷．張彗星。目前，他一邊從事反射式望遠鏡的反射鏡研磨工作，一邊繼續在夜空中尋找彗星。

第九章　廁所是思考和空想的地方

——重新檢視高中數學——

小學時曾經學過圓形面積公式吧，但當時並未教導大家這項公式的定義。大家知道這項公式的正式證明方法嗎？我想很多人不知道，其實當中隱含了微妙的問題。

此外，以微分和積分重新探討二次函數及三次函數之後，更能了解微積分的美妙之處。

以捲筒衛生紙概念檢視高中數學

178頁到191頁中，除了卡瓦列里原理是初級的
難道沒有更簡單的說明嗎？
問得好！其實在高中學習初級微積分之後，會比較輕鬆
在那之前，先複習22頁的圓周和圓形面積
大家知道圓周率π究竟是什麼嗎？
就是圓周和直徑的比率啊
沒錯
所以，直徑d的圓周長度是πd囉
d
πd

但是半徑r的圓面積不就是πr^2嗎？
面積πr^2
r
對啊
說得也是
不，圓周率是決定圓周長的常數
必須證明面積就是πr^2
但是小學的時候就學過πr^2的公式啦
好，讓我們再複習一次小學教的內容囉
啪啦啪啦
首先是圓周率的定義
表示圓周長是直徑長度倍數的數字，稱爲圓周率
圓周率＝圓周÷直徑
圓周率是3.14159……，通常用3.14

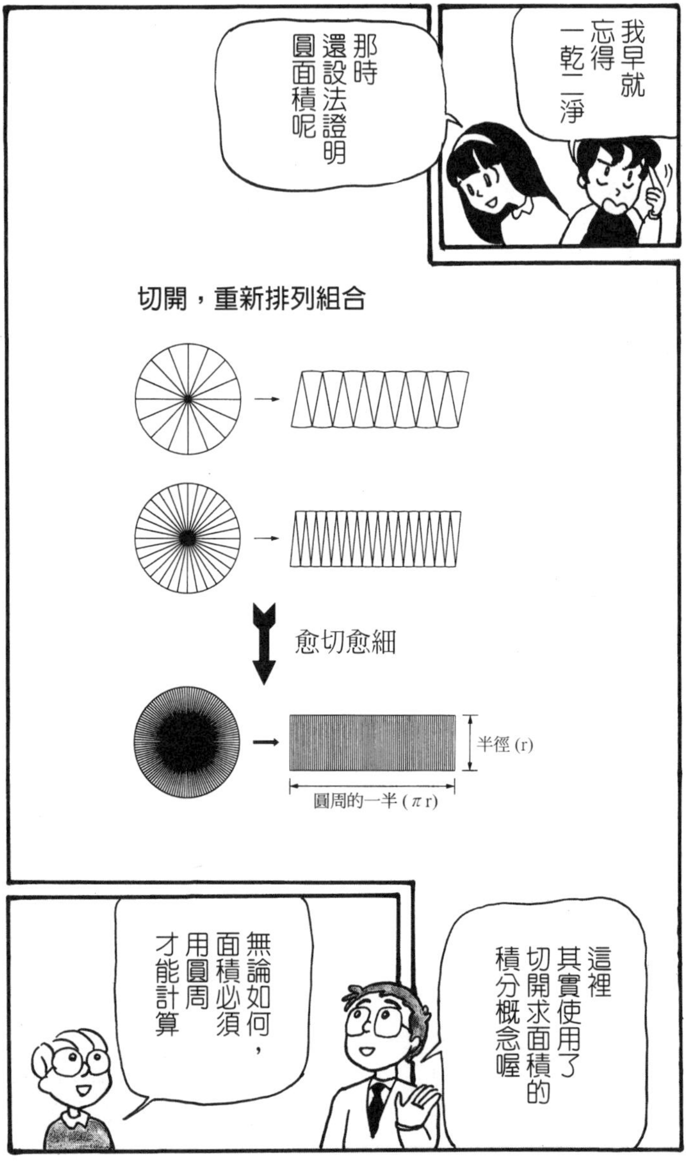
我早就忘得一乾二淨
那時還設法證明圓面積呢
切開，重新排列組合
愈切愈細
半徑 (r)
圓周的一半 (π r)
這裡其實使用了切開求面積的積分概念喔
無論如何，面積必須用圓周才能計算

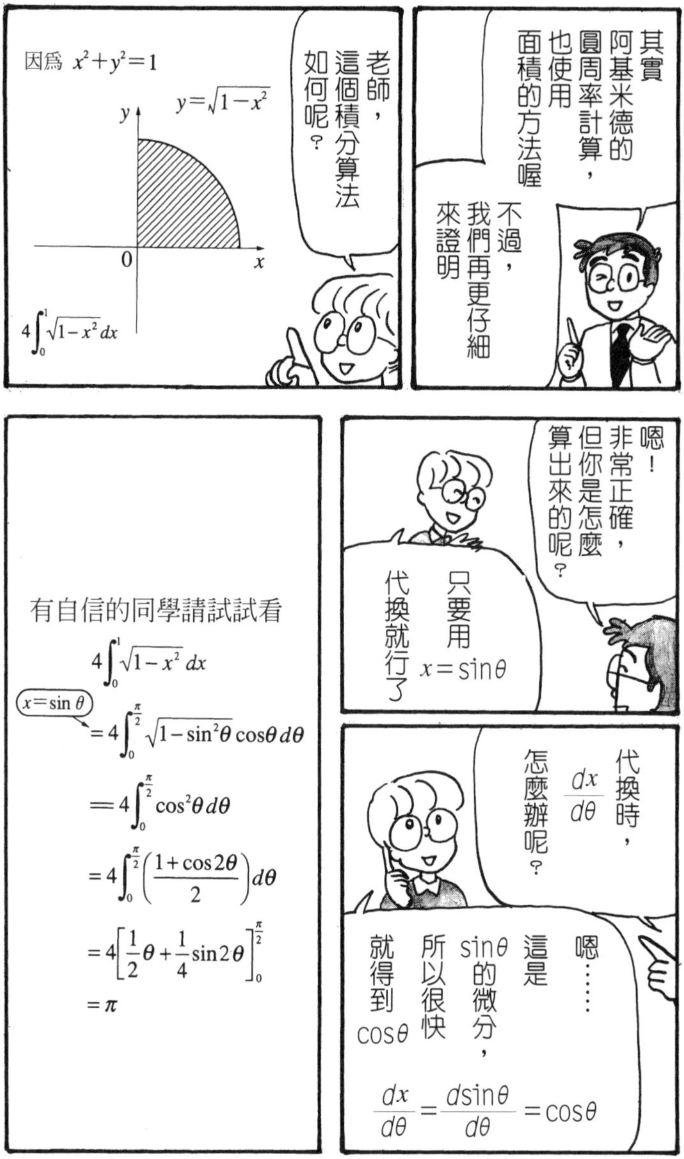
其實阿基米德的圓周率計算，也使用面積的方法喔
不過，我們再更仔細來證明
老師，這個積分算法如何呢？
因爲 $x^2+y^2=1$
$y=\sqrt{1-x^2}$
y
0
x
$4\int_0^1\sqrt{1-x^2}\,dx$
嗯！非常正確，但你是怎麼算出來的呢？
只要用 $x=\sin\theta$ 代換就行了
代換時，$\frac{dx}{d\theta}$ 怎麼辦呢？
嗯……這是 $\sin\theta$ 的微分，所以很快就得到 $\cos\theta$
$\frac{dx}{d\theta}=\frac{d\sin\theta}{d\theta}=\cos\theta$
有自信的同學請試試看
$4\int_0^1\sqrt{1-x^2}\,dx$
$x=\sin\theta$
$=4\int_0^{\frac{\pi}{2}}\sqrt{1-\sin^2\theta}\cos\theta\,d\theta$
$=4\int_0^{\frac{\pi}{2}}\cos^2\theta\,d\theta$
$=4\int_0^{\frac{\pi}{2}}\left(\frac{1+\cos2\theta}{2}\right)d\theta$
$=4\left[\frac{1}{2}\theta+\frac{1}{4}\sin2\theta\right]_0^{\frac{\pi}{2}}$
$=\pi$

那麼，從哪裡得到sinθ的微分呢？
$\lim_{x \to 0} \frac{\sin x}{x} = 1$
愈問愈多?!
$\frac{\sin x}{x}$ x趨近0時，會變成1

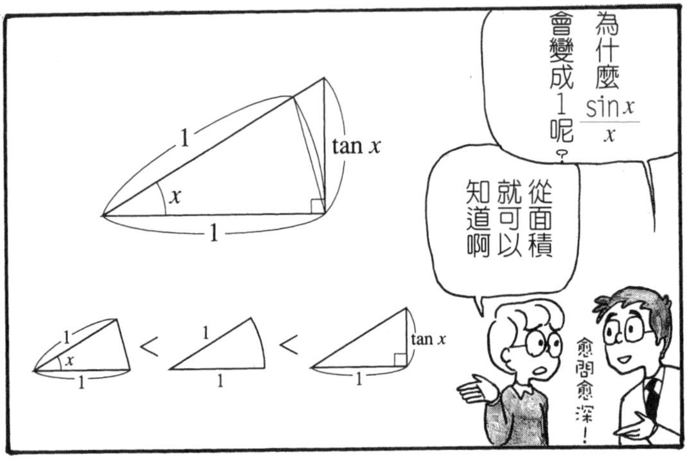
為什麼 $\frac{\sin x}{x}$ 會變成1呢？
從面積就可以知道啊
1
tan x
x
1
1
x
1
<
1
1
<
tan x
1
愈問愈深！

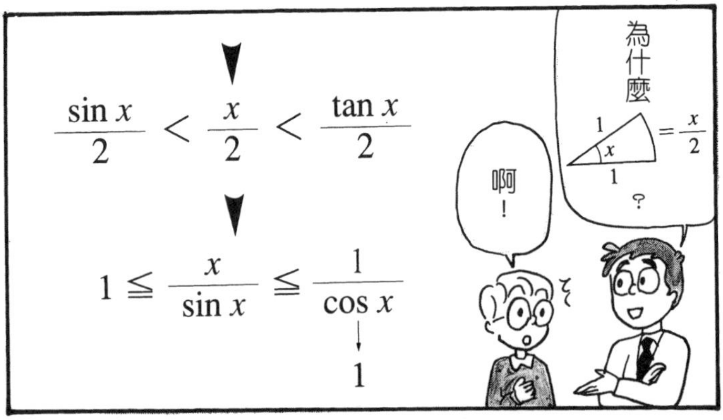
為什麼 (1, x, 1) $= \frac{x}{2}$？
啊！
$\frac{\sin x}{2} < \frac{x}{2} < \frac{\tan x}{2}$
$1 \leqq \frac{x}{\sin x} \leqq \frac{1}{\cos x}$
↓
1

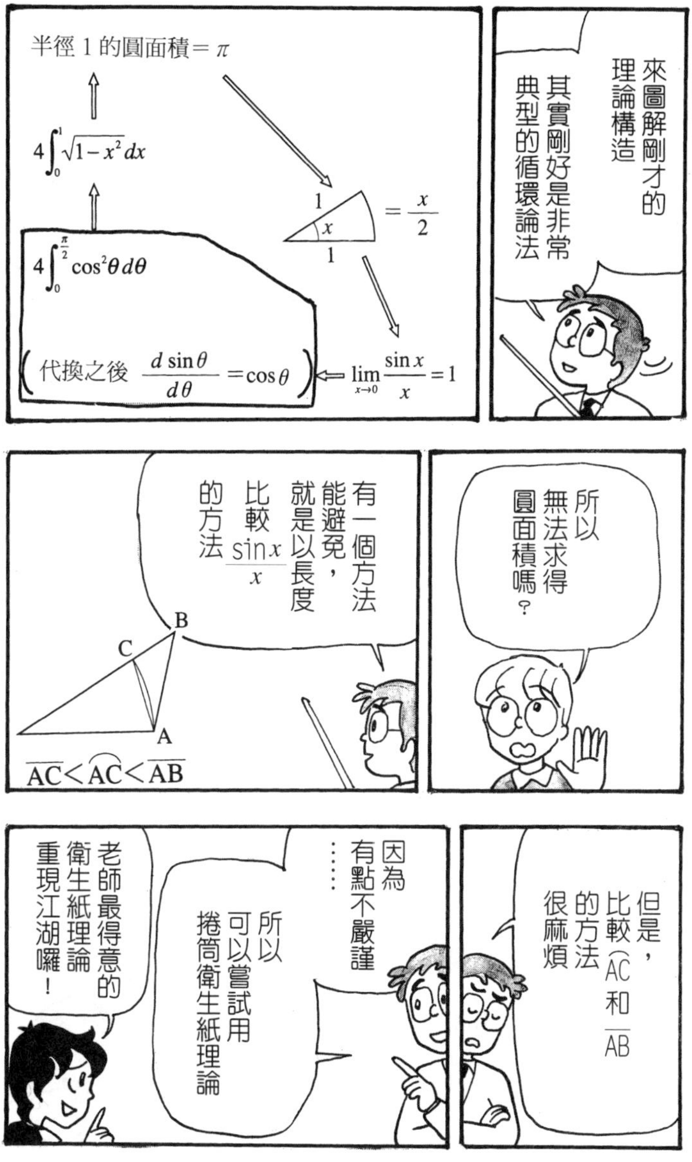
來圖解剛才的理論構造
其實剛好是非常典型的循環論法
半徑 1 的圓面積＝π
$4\int_0^1 \sqrt{1-x^2}\,dx$
$4\int_0^{\frac{\pi}{2}} \cos^2\theta\, d\theta$
（代換之後 $\frac{d\sin\theta}{d\theta}=\cos\theta$）
$\lim_{x\to 0}\frac{\sin x}{x}=1$
1
x
1
$=\frac{x}{2}$
所以無法求得圓面積嗎？
有一個方法能避免，就是以長度比較 $\frac{\sin x}{x}$ 的方法
B
C
A
$\overline{AC}<\overset{\frown}{AC}<\overline{AB}$
但是，比較 $\overset{\frown}{AC}$ 和 $\overline{AB}$ 的方法很麻煩
因為有點不嚴謹……
所以可以嘗試用捲筒衛生紙理論
老師最得意的衛生紙理論重現江湖囉！

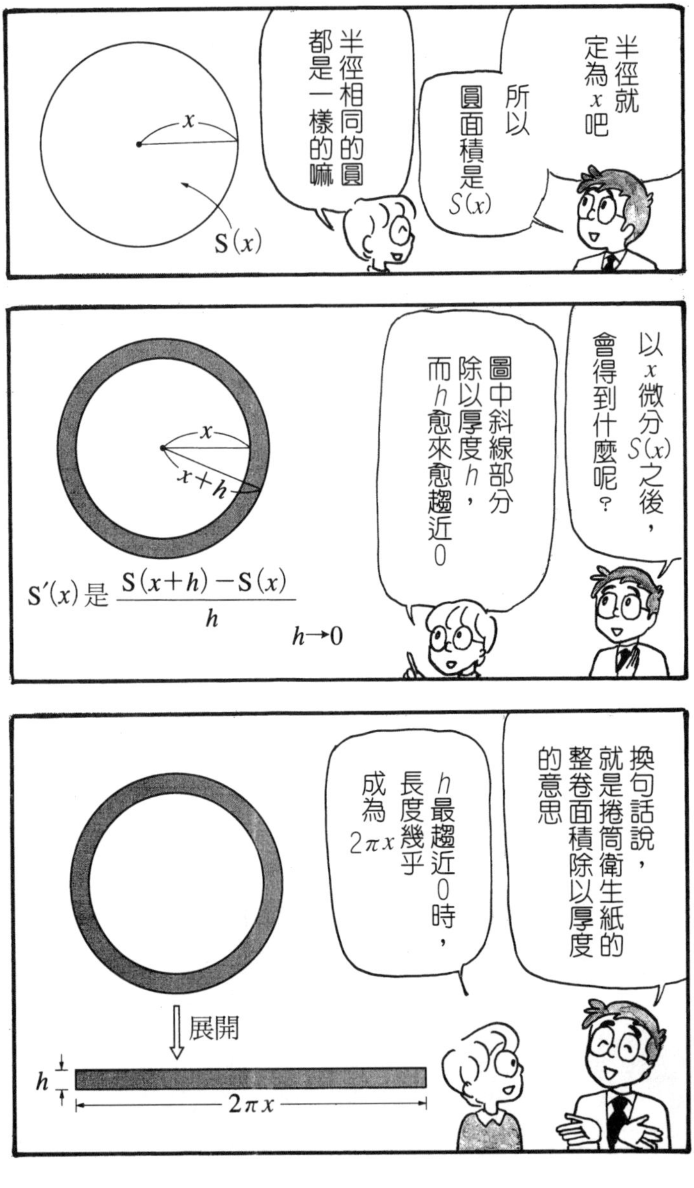

半徑就定為x吧
所以圓面積是S(x)
半徑相同的圓都是一樣的嘛
x
S(x)
以x微分S(x)之後，會得到什麼呢？
圖中斜線部分除以厚度h，而h愈來愈趨近0
x
x+h
S′(x)是 $\frac{S(x+h)-S(x)}{h}$ $h \to 0$
換句話說，就是捲筒衛生紙的整卷面積除以厚度的意思
h最趨近0時，長度幾乎成為2πx
展開
h
2πx

所以$S'(x)$是$2\pi x$囉
$S'(x) = \frac{h \times 2\pi x}{h}$
$= 2\pi x$
這麼一來，$S(x)$呢？
從基本定律可以知道是πx^2+C
$S(x) = \int S'(x)dx$
$= \int (2\pi x)dx$
$= \pi x^2 + C$
積分常數C呢？
半徑0的圓面積是0，所以C是0
如此可得證半徑x的圓面積是πx^2
$\pi 0^2 + C = 0$
$\therefore C = 0$

球體體積和表面積相似
半徑x的球體體積是$\frac{4\pi x^3}{3}$……
x
$\frac{4\pi x^3}{3}$

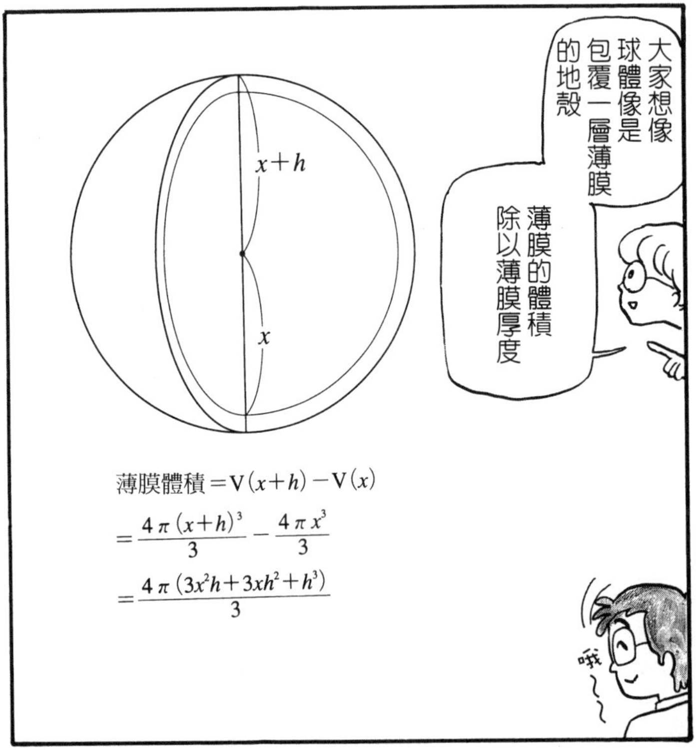
大家想像球體像是包覆一層薄膜的地殼
薄膜的體積除以薄膜厚度
$x+h$
x
薄膜體積$=V(x+h)-V(x)$
$=\frac{4\pi(x+h)^3}{3}-\frac{4\pi x^3}{3}$
$=\frac{4\pi(3x^2h+3xh^2+h^3)}{3}$
哦～

h趨近0時，體積是厚度×面積
只要讓h成為0，就可以得出半徑x的表面積
∴ $\frac{V(x+h)-V(x)}{h}=\frac{4\pi(3x^2+3xh+h^2)}{3}$
如果 $h\to 0$
表面積就是 $4\pi x^2$
捲筒衛生紙概念可以發展出各種想法呢
自古就有一種說法……
西尼加曾說過：「廁所是思考和空想的地方。」
＊完全是瞎掰
老師！是不是因為「思考」、「空想」和「尿」、「糞」[1]發音一樣呢？
倒！
不會吧~~~

探討曲線凹凸

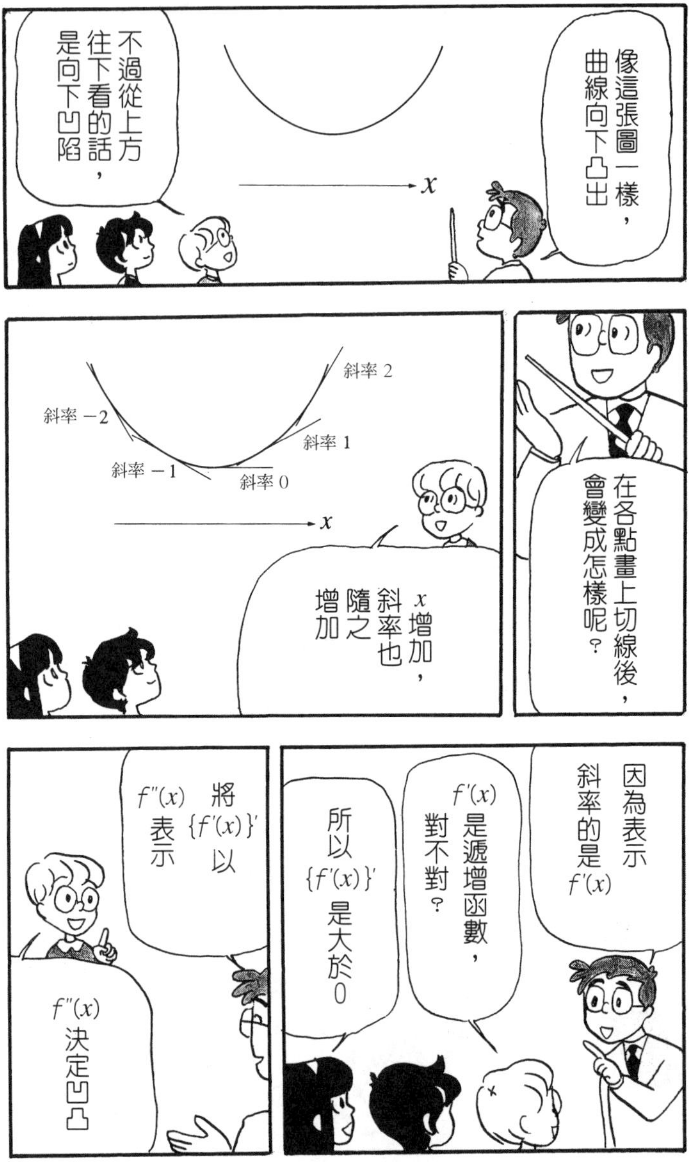

像這張圖一樣，曲線向下凸出
不過從上方往下看的話，是向下凹陷
x
在各點畫上切線後，會變成怎樣呢？
斜率 2
斜率 −2
斜率 1
斜率 −1
斜率 0
x
x增加，斜率也隨之增加
因為表示斜率的是f'(x)
f'(x)是遞增函數，對不對？
所以{f'(x)}'是大於0
將{f'(x)}'以f''(x)表示
f''(x)決定凹凸

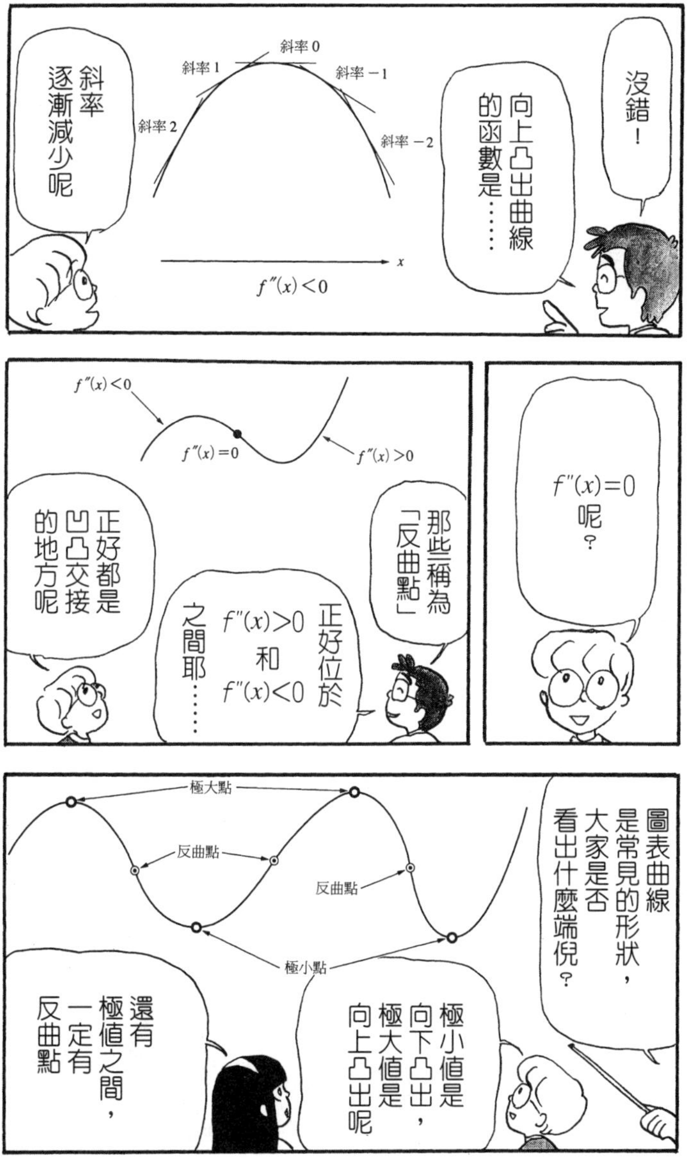
沒錯！
向上凸出曲線的函數是……
斜率逐漸減少呢
斜率 0
斜率 1
斜率 −1
斜率 2
斜率 −2
x
f''(x)<0
f''(x)=0呢？
f''(x)<0
f''(x)=0
f''(x)>0
那些稱為「反曲點」
正好位於f''(x)>0和f''(x)<0之間耶……
正好都是凹凸交接的地方呢
圖表曲線是常見的形狀，大家是否看出什麼端倪？
極大點
反曲點
反曲點
極小點
極小值是向下凸出，極大值是向上凸出呢
還有極值之間，一定有反曲點

如此一來，f'(x)=0 且 f''(x)>0 就能夠了解極小值
f'(x)=0
f''(x)>0
f''(x) 能傳達許多資訊呢
在經濟學中特別重要
因為滿足各種「增加率遞減法則」……
老師在139頁教過喔
所以就像上面的圖一樣，f'(x)>0 且 f''(x)<0
所以，我的爸爸是{f''(x)>0}² 且 f''(x)<0 囉
?
他常常向上級彎腰，所以上凸啊
部長
應該是上禿吧……

二次函數的分析

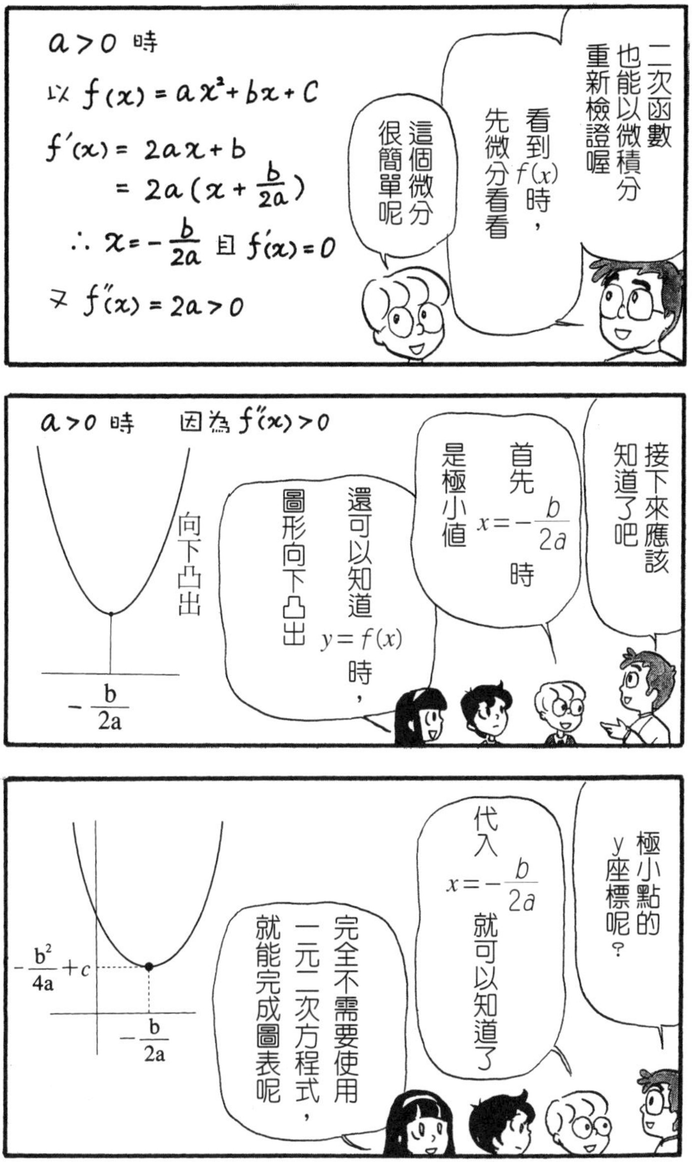
二次函數也能以微積分重新檢證喔
看到$f(x)$時，先微分看看
這個微分很簡單呢
$a>0$ 時
以 $f(x)=ax^2+bx+c$
$f'(x)=2ax+b$
$=2a(x+\frac{b}{2a})$
$\therefore x=-\frac{b}{2a}$ 且 $f'(x)=0$
又 $f''(x)=2a>0$
接下來應該知道了吧
首先$x=-\frac{b}{2a}$時是極小值
還可以知道$y=f(x)$時，圖形向下凸出
$a>0$ 時　因為 $f''(x)>0$
向下凸出
$-\frac{b}{2a}$
極小點的y座標呢？
代入$x=-\frac{b}{2a}$就可以知道了
完全不需要使用一元二次方程式，就能完成圖表呢
$-\frac{b^2}{4a}+c$
$-\frac{b}{2a}$

利用一元二次方程式，就能立刻獲得結果
大家試試積分 $f'(x)=2a(x+\frac{b}{2a})$
$\int 2a(x+\frac{b}{2a})dx$
$=a(x+\frac{b}{2a})^2+C$
比較 $x=-\frac{b}{2a}$ 時的值
$c=-\frac{b^2}{4a}+C$
換句話說
$f(x)=ax^2+bx+c$
$=a(x+\frac{b}{2a})^2-\frac{b^2}{4a}+c$
（以上稱為標準形式）
覺得好像被耍了
只要平行移動，就能對稱y軸，所以圖表的線也是對稱的
透過微積分，二次函數也能有不同見解
數學就是透過各種不同見解，才能愈來愈進步
微積
圖表向下凸出
二次曲線
圓錐橫切面
一元二次方程式
我也認為各種看法真的非常重要
小凡還沒寫的時候，我就先看看踢哥的
東張西望
考試中
你完全不知悔改！
站住！

三次曲線的形狀

凹凸概念的重要性在於分析三次曲線
首先，大家看看 $y=x^3$ 的圖表，有沒有注意到什麼？
$y=x^3$
y
x
0
原點對稱
這種擁有原點對稱圖表的函數稱為「奇函數」
其他還有哪些奇函數呢？
$y=x$
$y=x^5$
$y=\sin x$
有 $y=x$
還有 $y=x^5$
還有 $y=\sin x$ 啊
我知道了！圓是奇函數
不，圓是原點對稱，但不是奇函數……
咳咳
咦？不是唸支氣管炎(2)嗎？
我不想再聽你的冷笑話了
老師，別激動……
噗

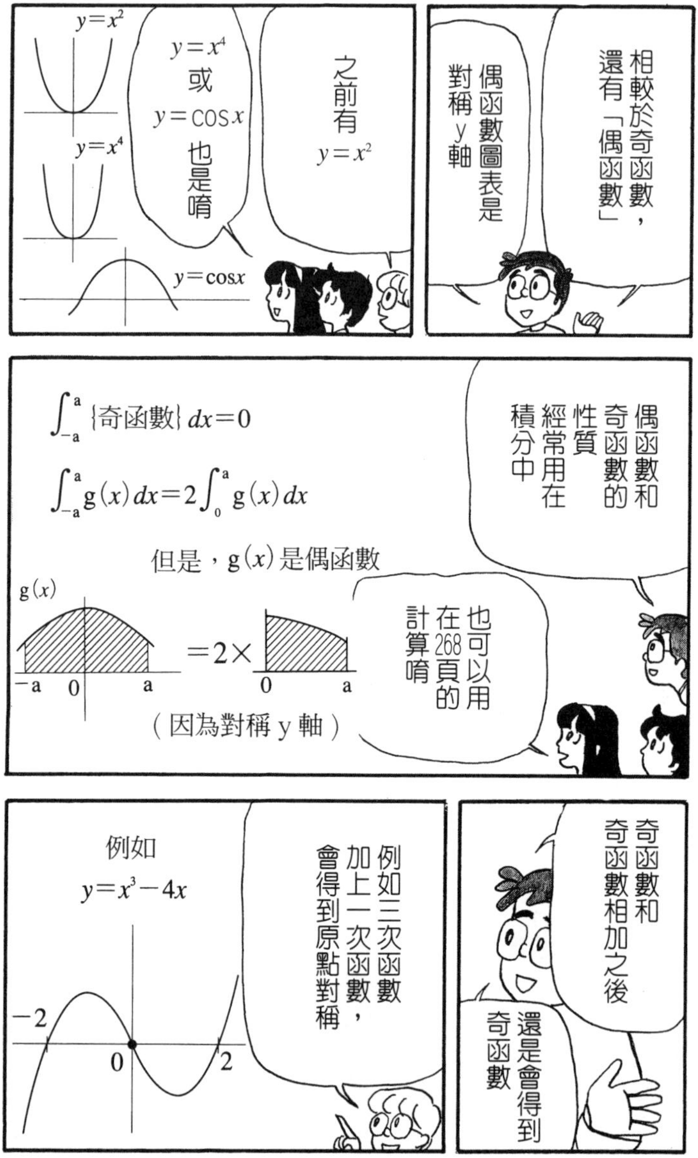
相較於奇函數，還有「偶函數」
偶函數圖表是對稱y軸
之前有$y=x^2$
$y=x^4$或$y=\cos x$也是唷
$y=x^2$
$y=x^4$
$y=\cos x$
偶函數和奇函數的性質經常用在積分中
$\int_{-a}^{a}$ {奇函數} $dx=0$
$\int_{-a}^{a} g(x)\,dx = 2\int_{0}^{a} g(x)\,dx$
但是，$g(x)$是偶函數
$g(x)$
$-a$ 0 a
$=2\times$
0 a
（因為對稱 y 軸）
也可以用在268頁的計算唷
奇函數和奇函數相加之後
還是會得到奇函數
例如三次函數加上一次函數，會得到原點對稱
例如
$y=x^3-4x$
-2
0
2

接下來出現的結果令人讚嘆喔
因為三次函數都將形成點對稱的圖表
咦？加入 x^2 也沒問題嗎？
實際算算看囉！
首先是三次函數 $f(x)$
微分獲得 $f'(x)$ 後，會成為什麼呢？
$f'(x)$ 是二次函數，對不對？
因為 $f'(x)$ 圖表是拋物線，能夠修改為標準形式
標準形
$f'(x)=a(x-p)^2+q$
頂點 (p, q)
$f'(x)$
(p, q)
換句話說，是頂點明確的形狀呀

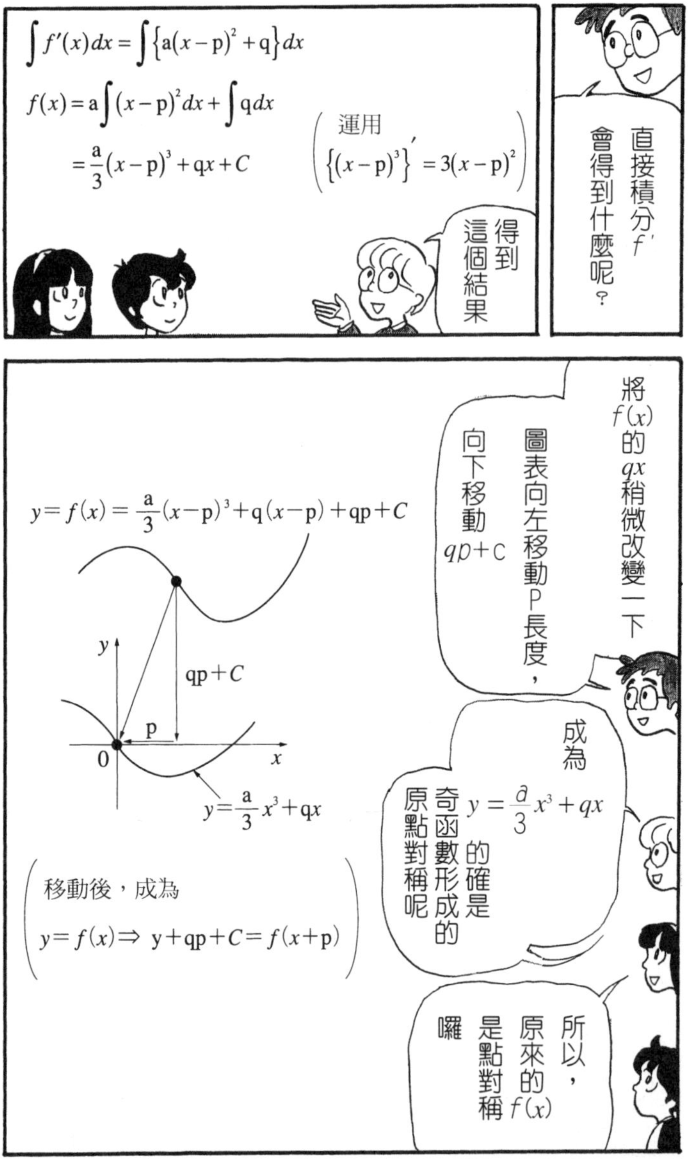
直接積分f'會得到什麼呢？
$\int f'(x)dx=\int\{a(x-p)^2+q\}dx$
$f(x)=a\int(x-p)^2dx+\int q\,dx$
$=\frac{a}{3}(x-p)^3+qx+C$
（運用 $\{(x-p)^3\}'=3(x-p)^2$）
得到這個結果
將$f(x)$的qx稍微改變一下
圖表向左移動p長度，向下移動$qp+C$
$y=f(x)=\frac{a}{3}(x-p)^3+q(x-p)+qp+C$
y
$qp+C$
p
0
x
$y=\frac{a}{3}x^3+qx$
（移動後，成為 $y=f(x)\Rightarrow y+qp+C=f(x+p)$）
成為 $y=\frac{a}{3}x^3+qx$ 的確是奇函數形成的原點對稱呢
所以，原來的$f(x)$是點對稱囉

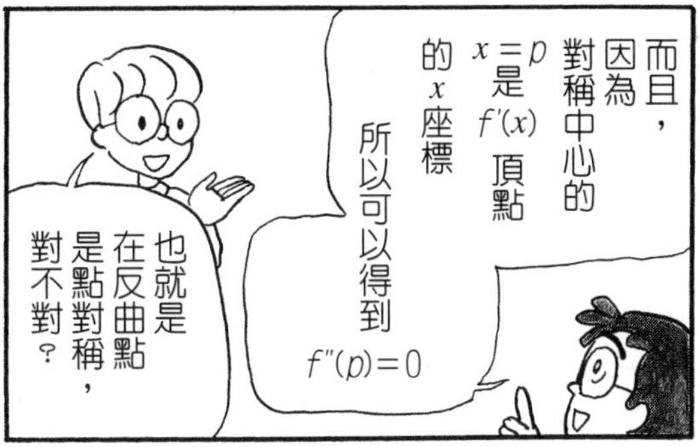

(問)

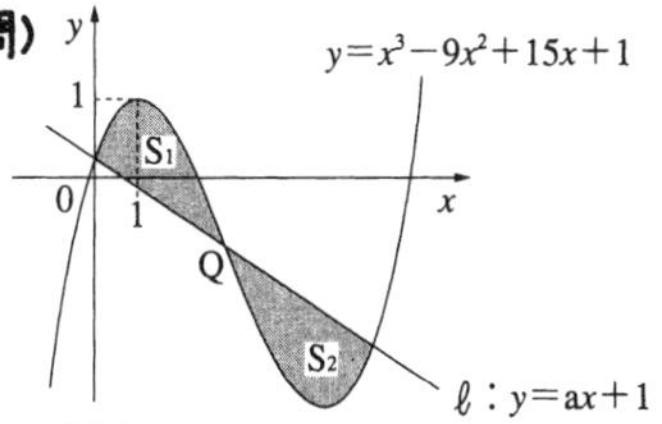

如圖

$S_1=S_2 \Longrightarrow a=\square$

（大學聯考中心試卷）

(解) 反曲點 Q 的座標

$y'=3x^2-18x+15$

$y''=6x-18=0$

所以 $x=3$，代入 y 式

$y=3^3-9\cdot3^2+15\cdot3+1$

$=-8$

$Q=(3, -8)$

因為 ℓ 通過 $(3, -8)$

$-8=3\cdot a+1$ 所以 $a=-3$

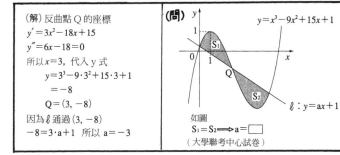

牛頓近似

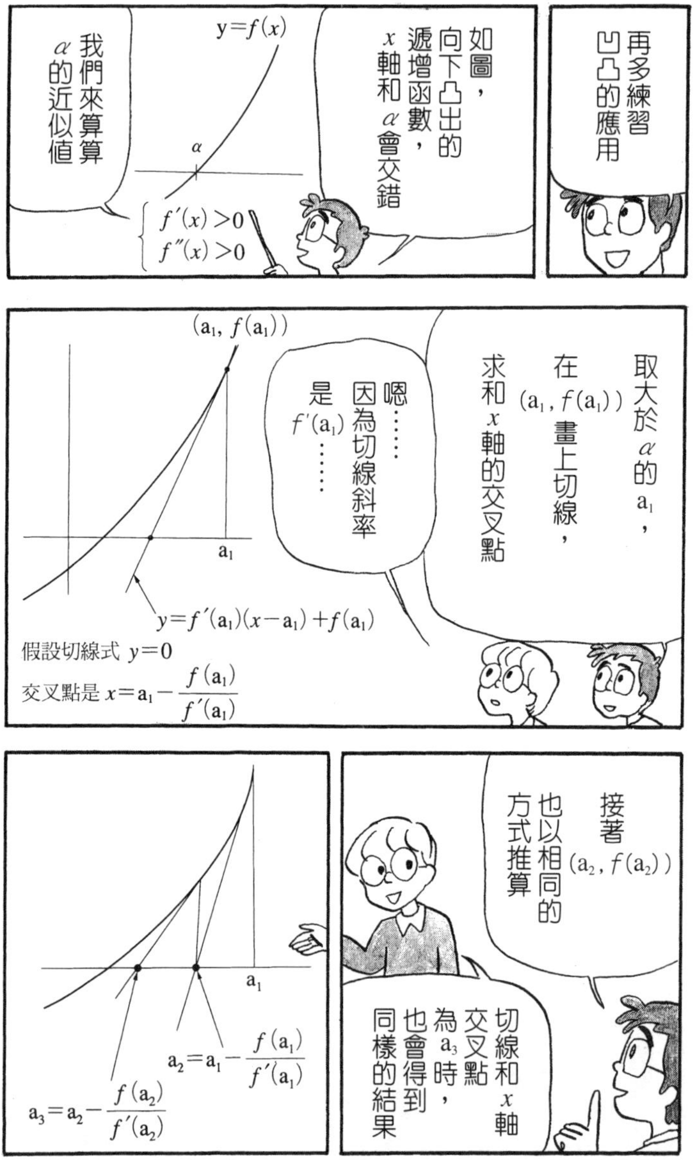

再多練習凹凸的應用
如圖，向下凸出的遞增函數，x軸和α會交錯
$y=f(x)$
α
$f'(x)>0$
$f''(x)>0$
我們來算算α的近似值
取大於α的a_1，在$(a_1, f(a_1))$畫上切線，求和x軸的交叉點
嗯……因為切線斜率是$f'(a_1)$……
$(a_1, f(a_1))$
a_1
$y=f'(a_1)(x-a_1)+f(a_1)$
假設切線式 $y=0$
交叉點是 $x=a_1-\dfrac{f(a_1)}{f'(a_1)}$
接著$(a_2, f(a_2))$也以相同的方式推算
切線和x軸交叉點為a_3時，也會得到同樣的結果
a_1
$a_2=a_1-\dfrac{f(a_1)}{f'(a_1)}$
$a_3=a_2-\dfrac{f(a_2)}{f'(a_2)}$

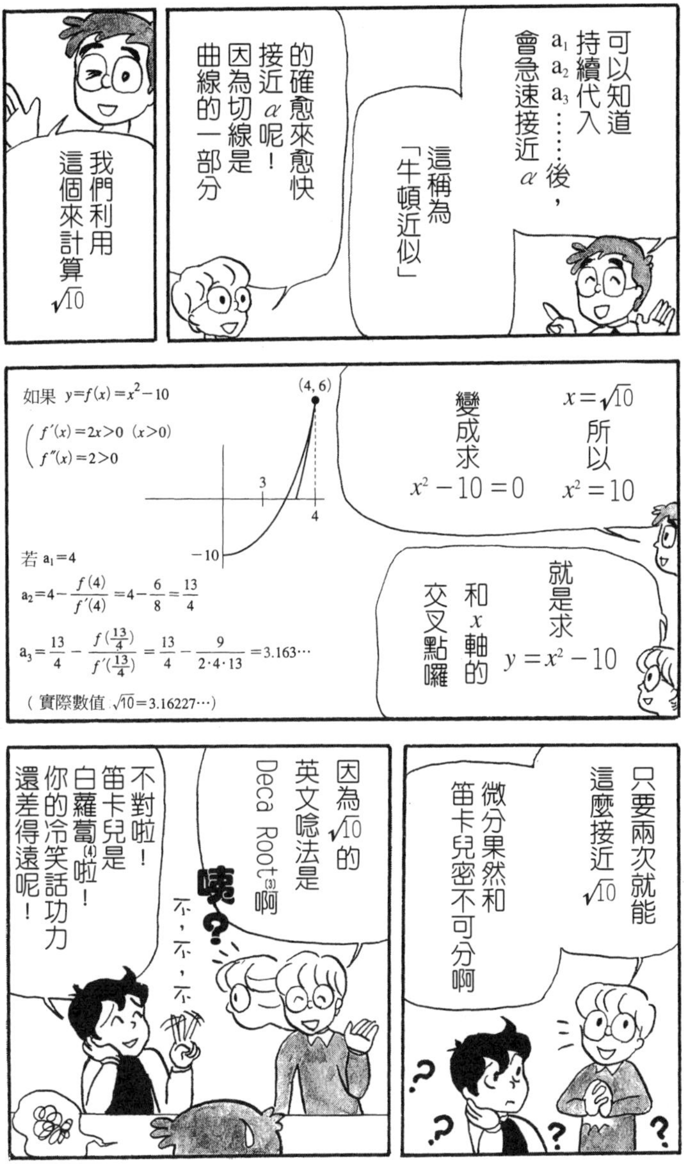
可以知道持續代入 a_1 a_2 a_3……後，會急速接近 α
這稱為「牛頓近似」
的確愈來愈快接近 α 呢！因為切線是曲線的一部分
我們利用這個來計算 $\sqrt{10}$
$x=\sqrt{10}$ 所以 $x^2=10$
變成求 $x^2-10=0$
就是求 $y=x^2-10$ 和 x 軸的交叉點囉
如果 $y=f(x)=x^2-10$
$f'(x)=2x>0$ $(x>0)$
$f''(x)=2>0$
(4, 6)
3
4
−10
若 $a_1=4$
$a_2=4-\frac{f(4)}{f'(4)}=4-\frac{6}{8}=\frac{13}{4}$
$a_3=\frac{13}{4}-\frac{f(\frac{13}{4})}{f'(\frac{13}{4})}=\frac{13}{4}-\frac{9}{2\cdot4\cdot13}=3.163\cdots$
（實際數值 $\sqrt{10}=3.16227\cdots$）
只要兩次就能這麼接近 $\sqrt{10}$
微分果然和笛卡兒密不可分啊
因為 $\sqrt{10}$ 的英文唸法是 Deca Root(3) 啊
咦？
不，不，不
不對啦！笛卡兒是白蘿蔔(4)啦！你的冷笑話功力還差得遠呢！

解說

在高中課程中，半徑r的球體體積公式及球面表面積公式可以微分和積分相互推算。這並非純粹計算，而是能透過捲筒衛生紙理論，清楚確認其眞正含意。

此外，微分 $f'_{(x)}$ 之後，以 $f''_{(x)}$ 表示。符號 $f''_{(x)}$ 表示的曲線凹凸，只出現在微分和積分（日本舊版數學III）的微分中。然而，在經濟等領域常出現「○○率的遞減法則」。增加率遞減就是曲線向上凸出。因此，對文科學生來說，凹凸其實是非常重要的。

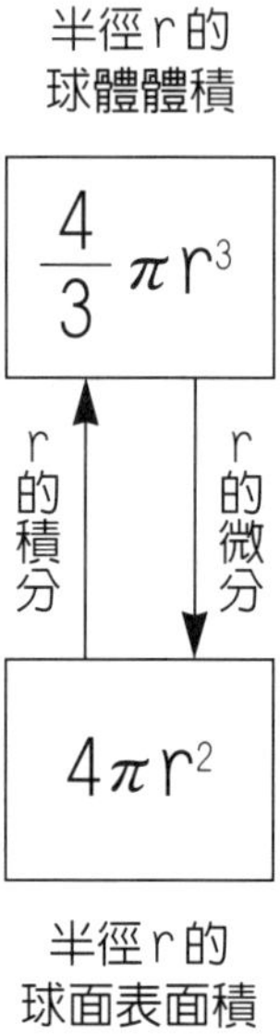

利用凹凸，可以得到三次函數的點對稱中心，凹凸相連處(稱爲反曲點)就是對稱中心。但是，雖然在數學I（日本課程）曾提到二次函數的對稱性

或頂點，卻幾乎未提及三次函數的對稱性。事實上，三次函數的對稱性非常令人讚嘆，應用性很高，不應該被漠視。

此外，利用凹凸概念還能求方程式的近似值。只需畫成圖表，就能知道愈來愈接近所求值。

圓面積循環論法部分，請參照一松信先生的《微分積分學入門》（微分積分学入門，科學社）。

球面的捲筒衛生紙理論部分，請參照拙作《圖畫微分和積分》（絵でわかる微分と積分，日本實業出版社）。

註釋

1　「思考」和「尿」、「空想」和「糞」日語發音相似。

2　「支氣管炎」和「奇函數＋圓」日語發音相似。

3 deca是希臘文「10」的意思，root在這裡是「根號」之意；組合兩字的日語發音和「笛卡兒」的日語發音相似。

4 白蘿蔔的日文漢字是「大根」；「大」的發音和「Deca」相似，「根」則是英文「Root」，組合兩字的日語發音也和「笛卡兒」的日語發音相似。

第十章　設法近似π

——來試試比較複雜的函數——

函數並非僅是多項式。但是微分法只要再增加一些相關的函數，學習合成函數微分法，就萬無一失了。此外，積分有各種方法，了解之後將能一舉擴展視野。因此，本章以π的近似計算作為實例。

週期函數的重要性

49頁曾經教大家x^n的微分是nx^{n-1}
讓我們再學學更廣泛的函數

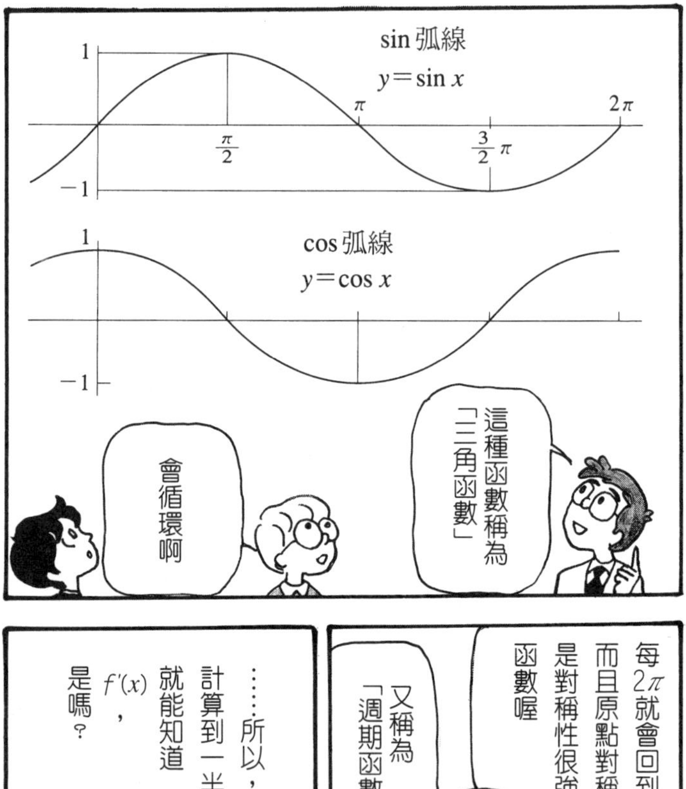
sin弧線
$y=\sin x$
1
−1
$\frac{\pi}{2}$
π
$\frac{3}{2}\pi$
2π
cos弧線
$y=\cos x$
1
−1
這種函數稱為「三角函數」
會循環啊

每2π就會回到原點，而且原點對稱，是對稱性很強的函數喔
又稱為「週期函數」

……所以，計算到一半就能知道$f'(x)$，是嗎？

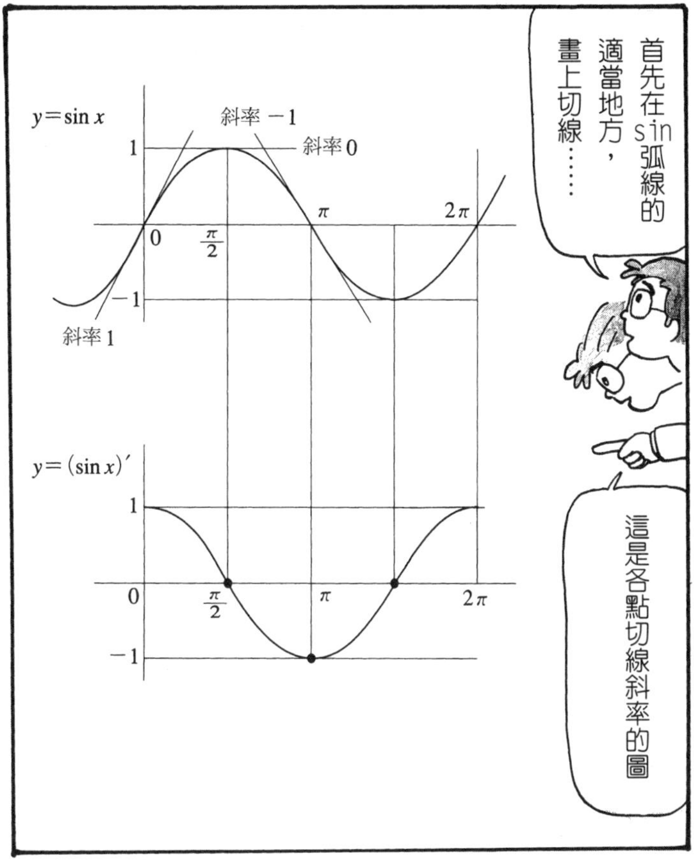
首先在sin弧線的適當地方，畫上切線……
這是各點切線斜率的圖
y＝sin x
斜率 −1
斜率 0
斜率 1
y＝(sin x)′

仔細一瞧，(sin x)′的圖就是y＝cos x的圖耶
所以(sin x)′＝cos x囉

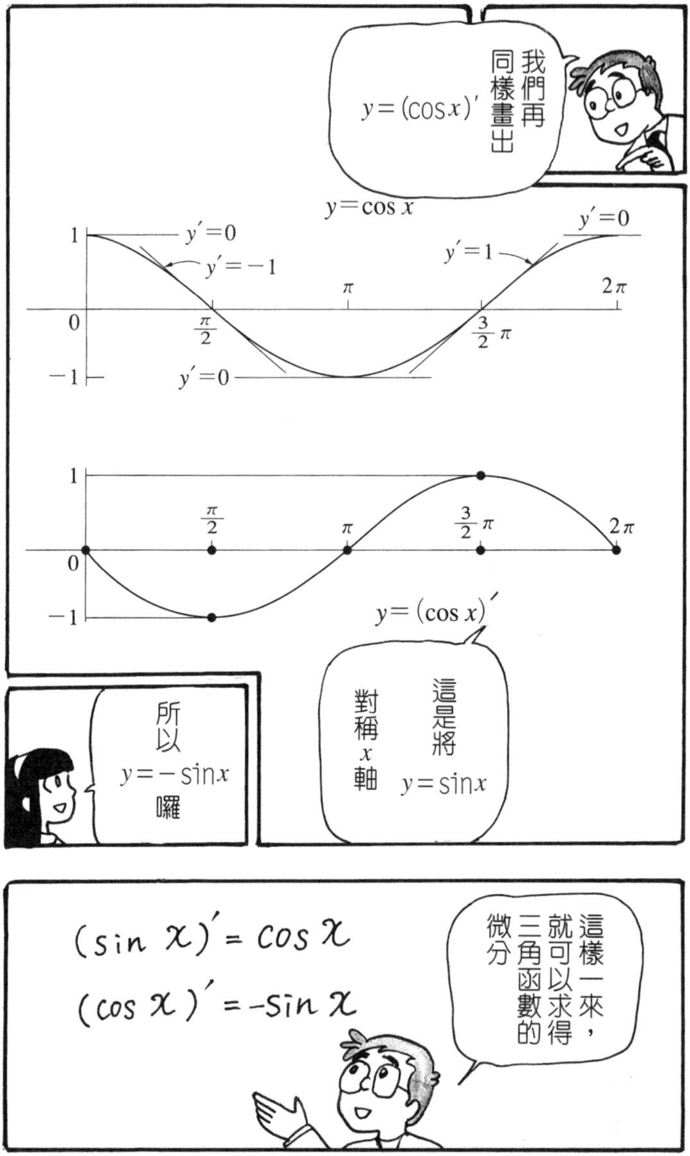

我們再同樣畫出 $y=(\cos x)'$
$y=\cos x$
$y'=0$
$y'=-1$
$y'=1$
$y'=0$
$y'=0$
1
0
−1
$\frac{\pi}{2}$
π
$\frac{3}{2}\pi$
2π
1
0
−1
$\frac{\pi}{2}$
π
$\frac{3}{2}\pi$
2π
$y=(\cos x)'$
這是將 $y=\sin x$ 對稱 x 軸
所以 $y=-\sin x$ 囉
$(\sin x)'=\cos x$
$(\cos x)'=-\sin x$
這樣一來，就可以求得三角函數的微分

接下來有點困難，老師先揭曉結果……
關於 $e=2.71828\cdots$
$(e^x)'=e^x$
$(\log_e x)'=\frac{1}{x}$
原來如此
原來探討週期函數這麼重要啊
阿郎，你怎麼突然……
？
搖著是
喂！在老師下次巡邏週期來到之前，快點給我看！
東瞧
西瞧
這次考試應該不會再作弊了……
試卷
試卷
不准亂用週期函數！
一週
二週
碰！

合成函數的微分是什麼？

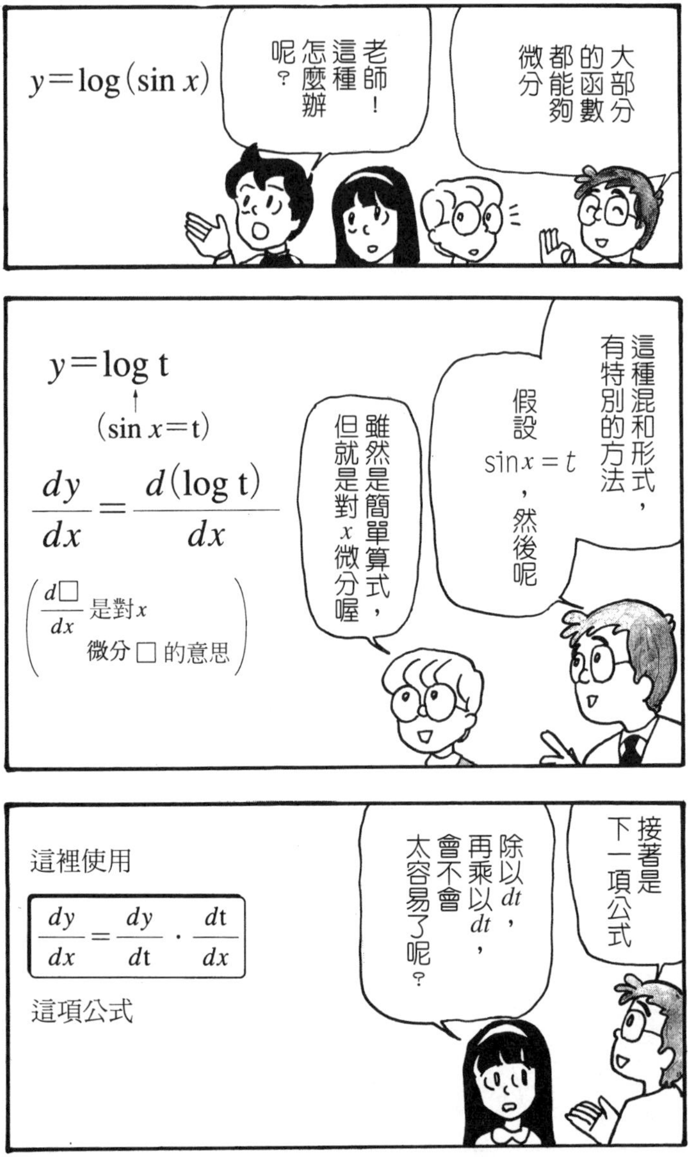

$y = \log(\sin x)$
大部分的函數都能夠微分
老師！這種怎麼辦呢？
這種混和形式，有特別的方法
假設 $\sin x = t$，然後呢
雖然是簡單算式，但就是對 x 微分喔
$y = \log t$
$(\sin x = t)$
$\frac{dy}{dx} = \frac{d(\log t)}{dx}$
（$\frac{d\square}{dx}$ 是對 x 微分 □ 的意思）
接著是下一項公式
除以 dt，再乘以 dt，會不會太容易了呢？
這裡使用
$\frac{dy}{dx} = \frac{dy}{dt} \cdot \frac{dt}{dx}$
這項公式

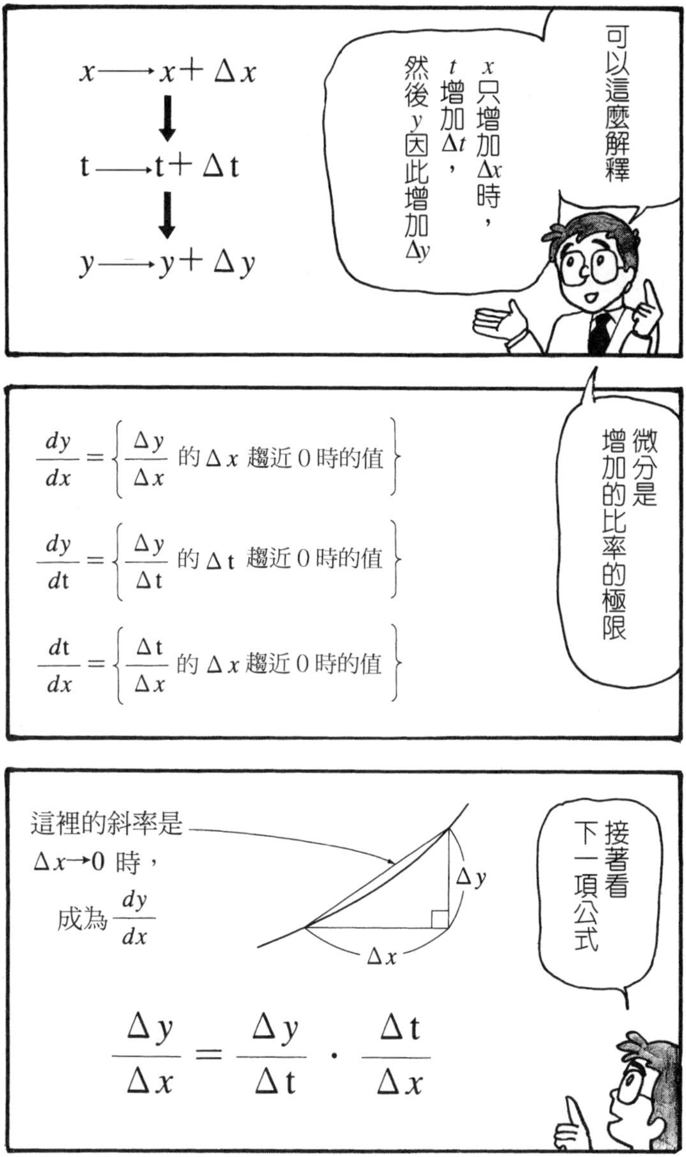
可以這麼解釋
x只增加Δx時，
t增加Δt，
然後y因此增加Δy
$x \longrightarrow x+\Delta x$
$t \longrightarrow t+\Delta t$
$y \longrightarrow y+\Delta y$
微分是
增加的比率的極限
$\frac{dy}{dx}=\left\{\frac{\Delta y}{\Delta x}\text{ 的 }\Delta x\text{ 趨近 0 時的值}\right\}$
$\frac{dy}{dt}=\left\{\frac{\Delta y}{\Delta t}\text{ 的 }\Delta t\text{ 趨近 0 時的值}\right\}$
$\frac{dt}{dx}=\left\{\frac{\Delta t}{\Delta x}\text{ 的 }\Delta x\text{ 趨近 0 時的值}\right\}$
接著看
下一項公式
這裡的斜率是
Δx→0 時，
成為 $\frac{dy}{dx}$
Δy
Δx
$\frac{\Delta y}{\Delta x}=\frac{\Delta y}{\Delta t}\cdot\frac{\Delta t}{\Delta x}$

Δx→0的話，Δt→0，公式就完成囉
$\frac{dy}{dx}=\frac{dy}{dt}\cdot\frac{dt}{dx}$
$y=\log(\sin x)$
但是要用在什麼地方呢？
假設 $\sin x=t$，$\frac{dy}{dt}$ 會變成怎樣呢？
$\frac{dt}{dx}=\frac{d\sin x}{dx}=\cos x$
$\frac{dy}{dt}=\frac{d(\log t)}{dt}=\frac{1}{t}$
是 $\frac{1}{t}$
$\frac{dt}{dx}$ 還能夠計算
所以呢？
我知道了，會變成這樣！
$\frac{d(\log(\sin x))}{dx}=\frac{d\log t}{dt}\cdot\frac{d\sin x}{dx}$
$\sin x=t$
$=\frac{1}{t}\cdot\cos x$
$=\frac{\cos x}{\sin x}$
$t=\sin x$

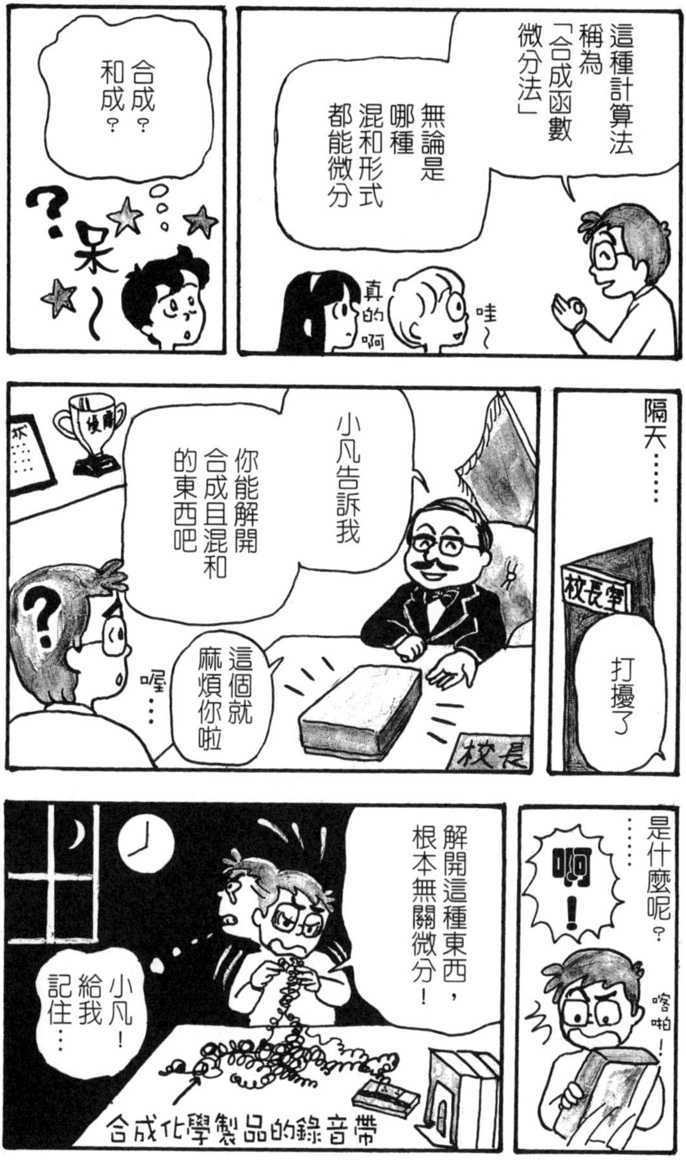
這種計算法稱為「合成函數微分法」
無論是哪種混和形式都能微分
哇～
真的啊
合成？和成？
呆～
隔天……
校長室
打擾了
小凡告訴我
你能解開合成且混和的東西吧
這個就麻煩你啦
喔……
優勝
校長
是什麼呢？……
啊！
喀啪！
解開這種東西，根本無關微分！
小凡！給我記住…
合成化學製品的錄音帶

＊數學史上也是，牛頓和漢彌爾頓等數學家雖然理論架構條理分明、井然有序，書房卻亂七八糟、雜亂無章

部分積分

$\int x^n dx = \frac{1}{n+1} x^{n+1} + C \quad (n \neq -1)$
$\int x^{-1} dx = \log x + C$
$\int \sin x\, dx = -\cos x + C$
$\int \cos x\, dx = \sin x + C$
$\int e^x dx = e^x + C$
根據基本定律，可以決定這些積分
老師，$\log_e x$ 的積分怎麼辦呢？
現在已經引進新方法來進行這項計算
不過這裡仍然使用基本定律
首先，用簡單的計算就能計算 $(f \times g)$ 的微分
乘法微分的公式
$(f \times g)' = f' \times g + f \times g'$

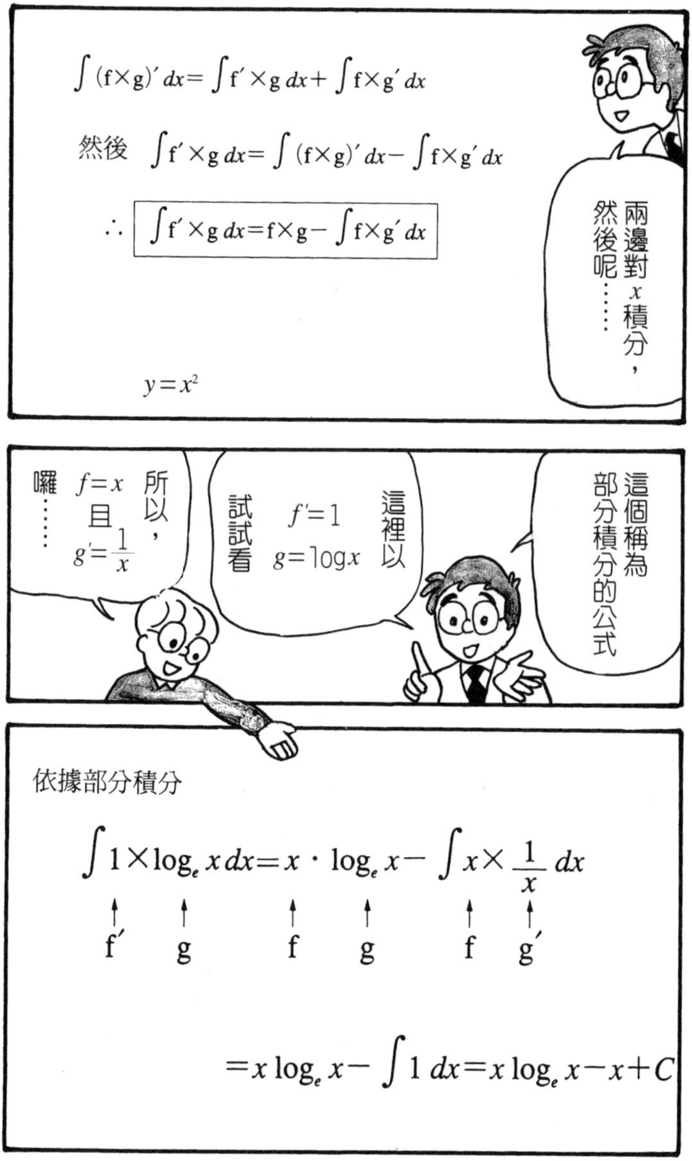
$\int (f\times g)'\,dx=\int f'\times g\,dx+\int f\times g'\,dx$
然後 $\int f'\times g\,dx=\int (f\times g)'\,dx-\int f\times g'\,dx$
$\therefore \int f'\times g\,dx=f\times g-\int f\times g'\,dx$
$y=x^2$
兩邊對x積分，然後呢……
這個稱為部分積分的公式
這裡以 $f'=1$ $g=\log x$ 試試看
所以，$f=x$ 且 $g'=\frac{1}{x}$ 囉……
依據部分積分
$\int 1\times \log_e x\,dx=x\cdot \log_e x-\int x\times \frac{1}{x}\,dx$
f′ g f g f g′
$=x\log_e x-\int 1\,dx=x\log_e x-x+C$

$\int \log_e x\,dx$
$= x \log x - x + C$
原來如此，這樣就算出 $\log_e x$ 的積分了
對，對
這項方法還有其他應用喔
說得沒錯
但是，如果誤解 f' 和 g 的話
反而會變成很奇怪的公式耶
真的耶！
這裡是有基準的

$\int f'g\,dx = fg - \int fg'\,dx$ 的用法

		例	
f′的候補	積分後也不會變複雜	e^x, $\sin x$, $\cos x$	x^n
		⇕	⇕
g 的候補	微分後會變得簡單	x^n	$\log_e x$

有一天

部分積分下列函數

小凡

1.　$x\cos x$

答　只積分 x，所以

$$\int x\,dx = \frac{x^2}{2} + C$$

（注）正確解答是

$$\int x\cos x\,dx = x\sin x - \int 1\cdot\sin x\,dx$$

（x：g，$\cos x$：f′；x：g，$\sin x$：f；1：因為 g′=1；$\sin x$：f）

$$= x\sin x + \cos x + C$$

換元積分

微分即使是混和的也沒關係
因為可以用合成函數微分法，對不對？
別再提啦
咦？合成化學製品的處分法呢？
不過，積分通常也就能夠解決了吧？
雖然有相近的方法
但是不一定能夠完全解決
什麼啊？
首先，把混和之處 $x=\varphi(t)$ 換寫成看起來比較簡潔
$\int f(x)\,dx$
⇓
$\int f(\varphi(t))\,dx$
簡潔！
寫成這樣嗎？

可是，∫dx是「對x積分」的意思
原來如此！無論再怎麼以t來讓它簡潔
還是必須「對x積分」啊
不過，只要強硬「對t積分」就行囉
強硬？
我喜歡這個單字
真討厭耶
呵呵呵…
換句話說，除以dt，再乘以dt
∫f(x)dx
⇓
以t簡潔 → ∫f(φ(t))dx
⇓
∫f(φ(t)) dx/dt dt
感覺好像在耍詐耶……

雖然解法要了些手段
但是絕對能夠確實證明
呵
＊這裡暫不說明計算，但其實並不困難

讓我們來看些實例

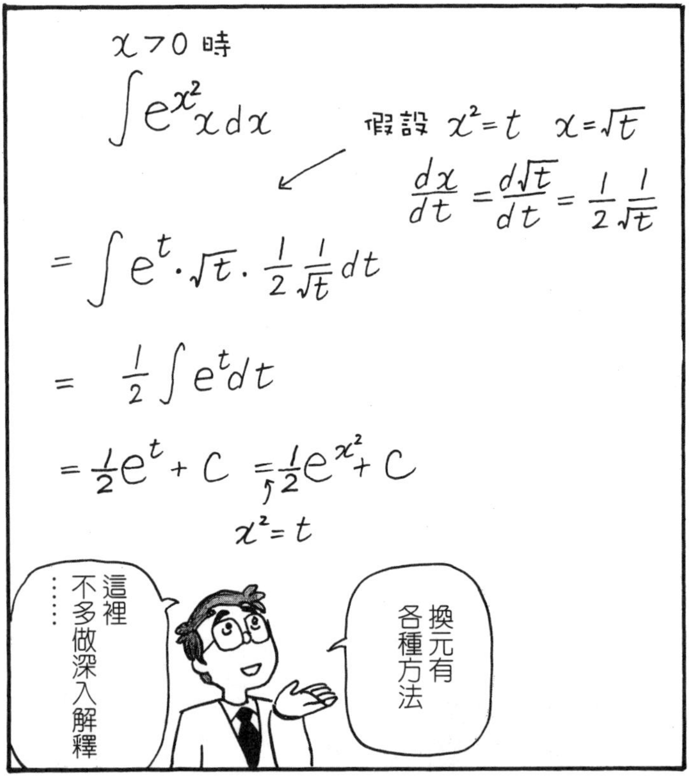
$x>0$ 時
$\int e^{x^2} x\,dx$
假設 $x^2=t$ $x=\sqrt{t}$
$\frac{dx}{dt}=\frac{d\sqrt{t}}{dt}=\frac{1}{2}\frac{1}{\sqrt{t}}$
$=\int e^t\cdot\sqrt{t}\cdot\frac{1}{2}\frac{1}{\sqrt{t}}dt$
$=\frac{1}{2}\int e^t dt$
$=\frac{1}{2}e^t+C=\frac{1}{2}e^{x^2}+C$
$x^2=t$
換元有各種方法
這裡不多做深入解釋……

老師！
這種方法
我非常拿手
很好玩的！
大家
耐心等到
放學時間吧
嘻嘻
噹～
噹～！
總之，
混亂的時候，
強硬手段
是必需的
高校
走吧
走吧
車站
叮咚！
叮咚！
啊！來了，來了
老師，
要不要
等人多一點呢？
痴漢最重要
的是時間[1]
這小子…！
空無一人！
和時間完全無關！
和你的聽力程度
有關！

以辛普森公式計算π

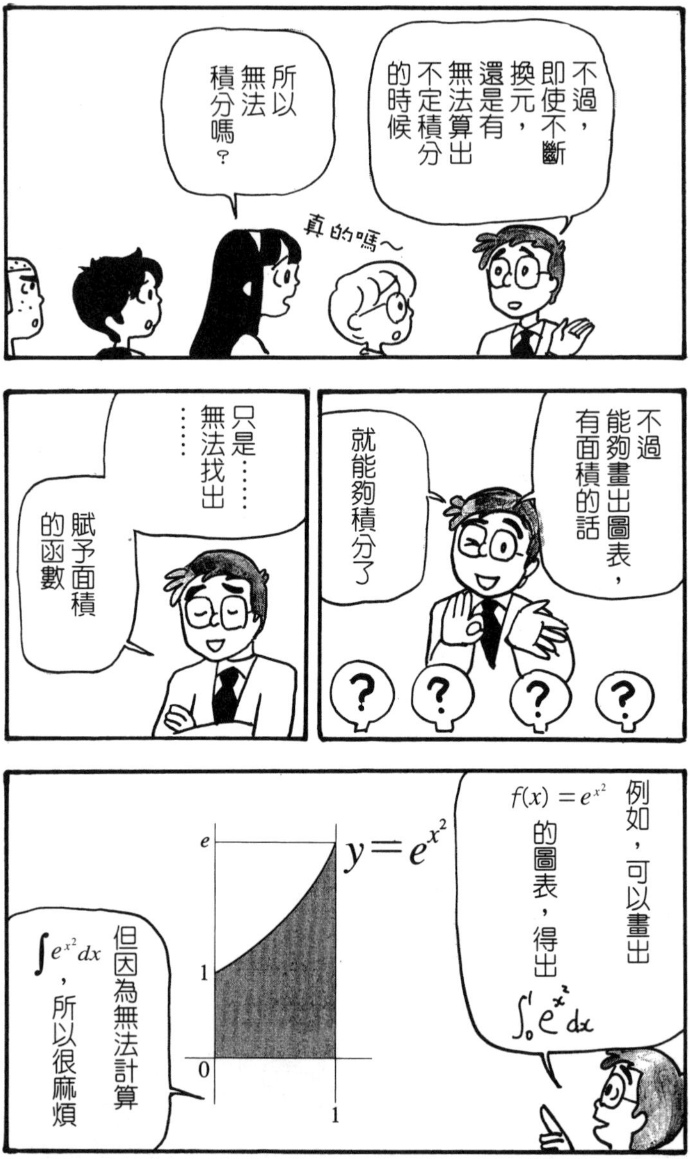

不過，即使不斷換元，還是有無法算出不定積分的時候
真的嗎～
所以無法積分嗎？
不過能夠畫出圖表，有面積的話
就能夠積分了
？
？
？
？
只是……無法找出……
賦予面積的函數
例如，可以畫出 $f(x) = e^{x^2}$ 的圖表，得出 $\int_0^1 e^{x^2}dx$
$y = e^{x^2}$
e
1
0
1
但因為無法計算 $\int e^{x^2}dx$，所以很麻煩

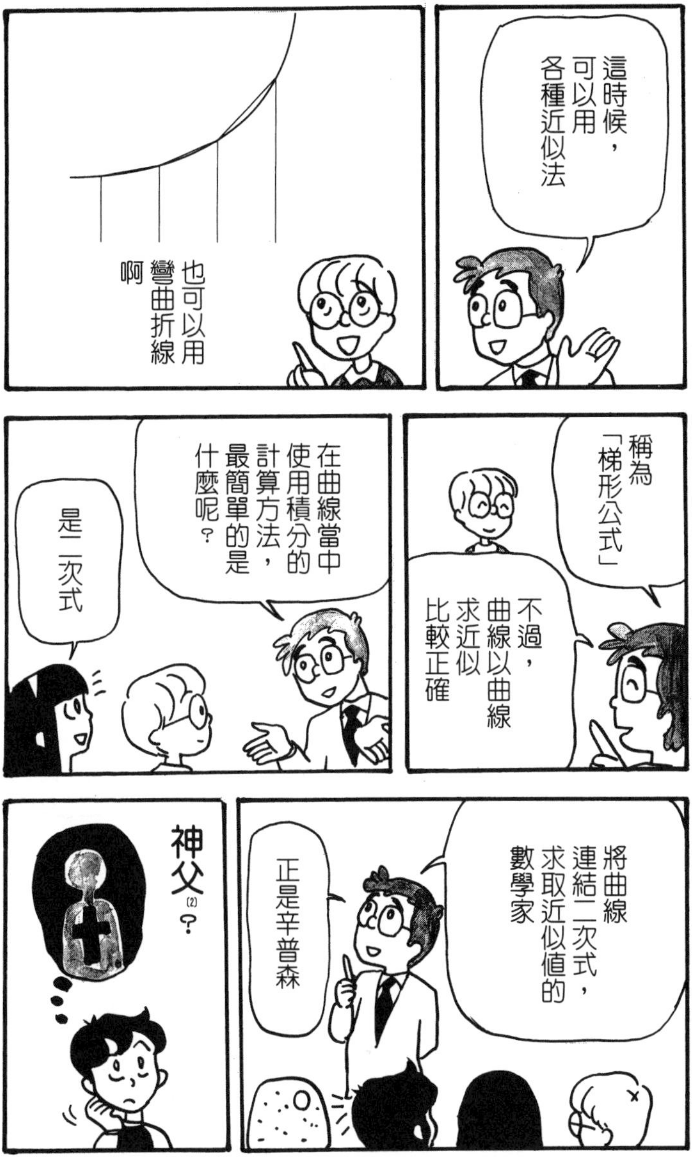
這時候，
可以用
各種近似法
也可以用
彎曲折線
啊
稱為
「梯形公式」
不過，
曲線以曲線
求近似
比較正確
在曲線當中
使用積分的
計算方法，
最簡單的是
什麼呢？
是二次式
將曲線
連結二次式，
求取近似值的
數學家
正是辛普森
神父[2]？

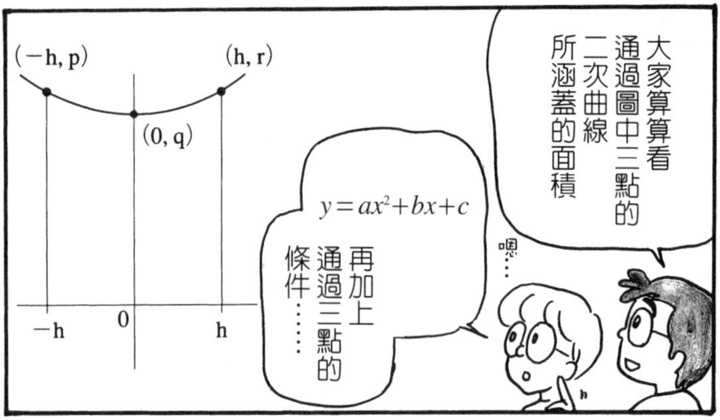
大家算算看通過圖中三點的二次曲線所涵蓋的面積
嗯……
再加上通過三點的條件……
$y=ax^2+bx+c$
(−h, p)
(h, r)
(0, q)
−h
0
h

$y=ax^2+bx+c$

因為通過 (0, q)

$c=q$ ——— ①

因為通過 (h, r)

$r=ah^2+bh+c$ ——— ②

因為通過 (−h, p)

$p=ah^2-bh+c$ ——— ③

另一方面

$$\int_{-h}^{h}\left(ax^2+bx+c\right)dx$$

$$=2\left[\frac{ax^3}{3}+cx\right]_0^h=\frac{2\left(ah^3+3ch\right)}{3}$$

將 ①～③ 代入 $\frac{h}{3}(p+r+4q)$

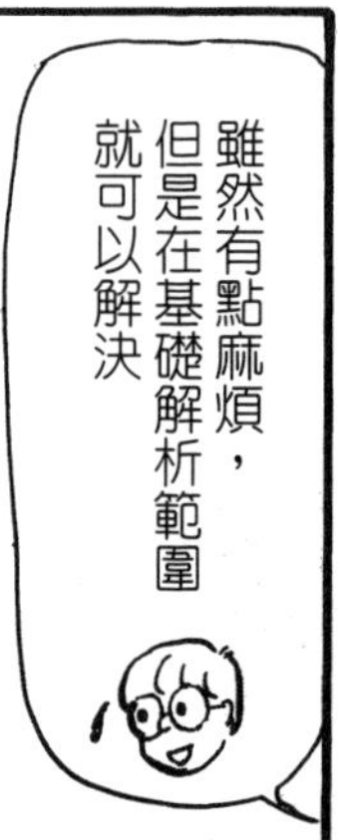
雖然有點麻煩，但是在基礎解析範圍就可以解決

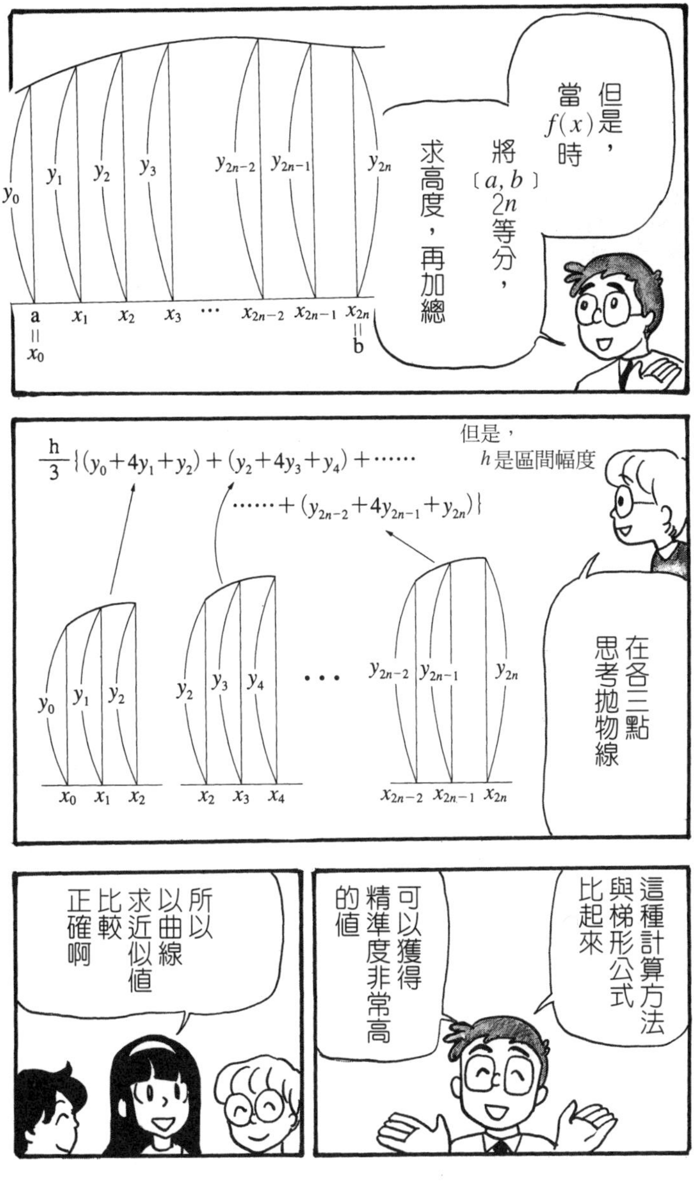
但是，當$f(x)$時將〔a, b〕$2n$等分，求高度，再加總
y_0 y_1 y_2 y_3 y_{2n-2} y_{2n-1} y_{2n}
$a = x_0$ x_1 x_2 x_3 … x_{2n-2} x_{2n-1} $x_{2n} = b$
$\frac{h}{3}\{(y_0+4y_1+y_2)+(y_2+4y_3+y_4)+\cdots\cdots+(y_{2n-2}+4y_{2n-1}+y_{2n})\}$
但是，h是區間幅度
在各三點思考拋物線
y_0 y_1 y_2 x_0 x_1 x_2
y_2 y_3 y_4 x_2 x_3 x_4
y_{2n-2} y_{2n-1} y_{2n} x_{2n-2} x_{2n-1} x_{2n}
這種計算方法與梯形公式比起來
可以獲得精準度非常高的值
所以以曲線求近似值比較正確啊

接著來應用看看，大家想想 $\int_0^1 \frac{dx}{1+x^2}$
這也不能使用不定積分嗎？

$$\int_0^1 \frac{dx}{1+x^2} = \int_0^{\frac{\pi}{4}} \frac{1}{1+\tan^2\theta} \cdot \frac{1}{\cos^2\theta} d\theta$$

假設 $x = \tan\theta$

$$\frac{dx}{d\theta} = \frac{d\tan\theta}{d\theta} = \frac{1}{\cos^2\theta}$$

x	$0 \longrightarrow 1$
θ	$0 \longrightarrow \frac{\pi}{4}$

不，只要用剛才的換元，不過……

$$= \int_0^{\frac{\pi}{4}} \frac{1}{1+\frac{\sin^2\theta}{\cos^2\theta}} \cdot \frac{1}{\cos^2\theta} d\theta$$

$$= \int_0^{\frac{\pi}{4}} \frac{1}{\cos^2\theta + \sin^2\theta} d\theta$$

$$= \int_0^{\frac{\pi}{4}} d\theta = [\theta]_0^{\frac{\pi}{4}}$$

$$= \frac{\pi}{4}$$

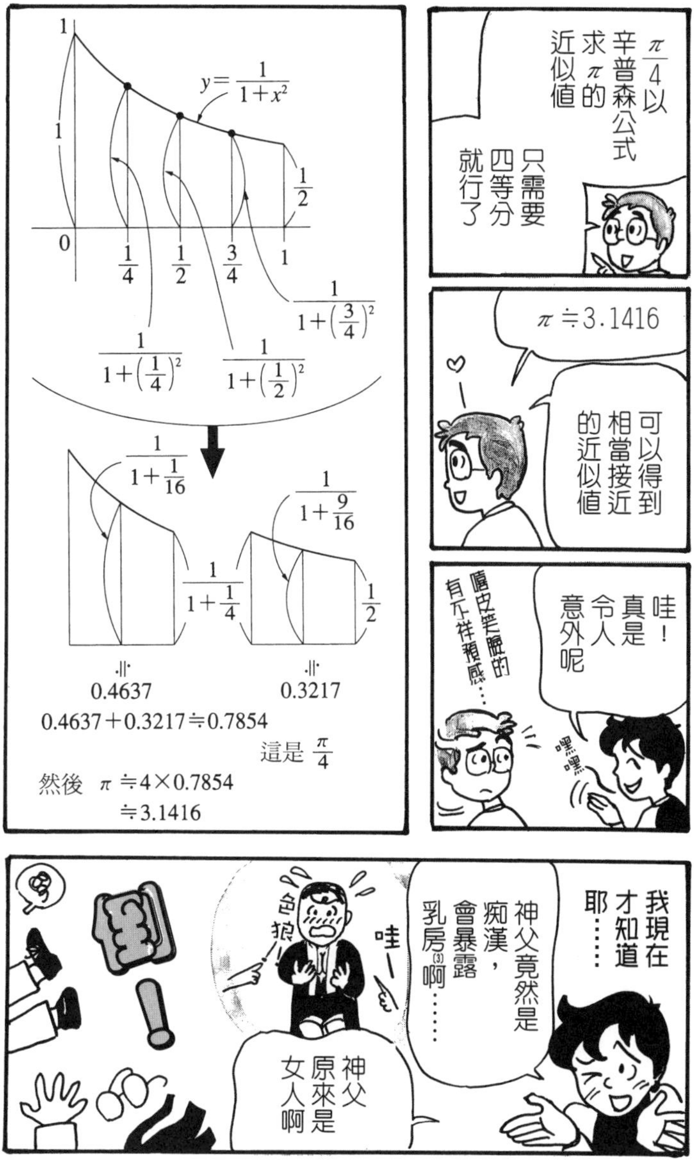
π/4以辛普森公式求π的近似值
只需要四等分就行了
1
y = 1/(1+x²)
1
1/2
0
1/4
1/2
3/4
1
1/(1+(3/4)²)
1/(1+(1/4)²)
1/(1+(1/2)²)
1/(1+1/16)
1/(1+9/16)
1/(1+1/4)
1/2
≒ 0.4637
≒ 0.3217
0.4637＋0.3217≒0.7854
這是 π/4
然後 π≒4×0.7854
≒3.1416
π≒3.1416
可以得到相當接近的近似值
哇！真是令人意外呢
嘻皮笑臉的有不祥預感……
嘿嘿
我現在才知道耶……
神父竟然是痴漢，會暴露乳房⑶啊……
神父原來是女人啊
色狼
哇—

解說

三角函數、對數函數、指數函數等微分使用一些極限計算。高中數學也教授極限問題。我覺得極限計算相當有趣，如果在這方面遇到挫折放棄，實在很可惜。

我認爲，即使在高中也無法教授嚴密的極限計算（例如無法嚴密計算自然對數底 e 的存在）；既然無法徹底傳授，不如乾脆忽略極限計算，這或許是個不錯的想法。因爲在本章的三角函數中必須畫出曲線圖，並畫出適當的切線，才能看出微分後的函數。對數函數和指數函數的微分也是一樣。然後，只需適當應用微分公式，就幾乎毫無問題了。

本章說明其他章節用過的合成函數微分法、部分積分和換元積分。坊間有各式各樣與計算相關的參考書，請自行挑選練習。

最後，本章舉出以辛普森公式計算近似值的例子。事實上，不需要花費太多工夫計算，就可以得到小數點後第四位的 π 近似值。曲線以曲線求近似，而且函數形式並不複雜，因此能夠獲得正確數值。

註釋

1 「換元」、「痴漢」、「時間」日語發音相似。

2 「神父」和「辛普森」日語發音相似。

3 「乳房」和「π」日語發音相似。

附錄　人物小傳

巴洛　Isaac Barrow, 1630–1677　英國古典學者、神學家和數學家，牛頓的老師。他研究出一種用於判定切線的近似微積分的方法，最早認識到微積分中的積分與微分互為逆運算。

牛頓　Isaac Newton, 1642–1727　英國數學家和物理學家，微積分主要創造者，萬有引力理論創建者。

卡瓦列里　Francesco Bonaventura Cavalieri, 1598?–1647　義大利數學家、天文學家和物理學家，對現代科學思想的發展有傑出貢獻。

白努利　Daniel Bernoulli, 1700–1782　瑞士數學家，以微積分確定曲線的長度和面積，對微分方程理論也有貢獻。

西尼加　Lucius Annaeus Seneca, c.4BC–65AD　羅馬哲學家、政治家、雄辯家和悲劇作家，也是1世紀中期羅馬學術界的領袖人物。在54年至62年尼祿（Nero）統治的第一階段期間，他是實際的統治者。

西塞羅　Marcus Tullius Cicero, c.106–43BC　羅馬政治家、律師、古典學者和作家。

克卜勒　Johannes Kepler, 1571–1631　德國天文學家和數學家，以發現行星運動三大定律聞名。

伽利略　Galileo Galilei, 1564–1642　義大利數學家、物理學家和天文學家，近代實驗科學的奠基者之一，科學革命先驅。

沃利斯　John Wallis, 1616–1703　英國數學家，對微積分的發源有重大貢獻，牛頓之前最具影響力的英國數學家。

辛普森　Thomas Simpson, 1710–1761　英國數學家和發明家，確立求取定積分的辛普森公式。

狄德金　Richard Dedekind, 1831–1916　德國數學家，借助算術概念重新定義無理數，並在代數數論的創建工作中提出數域、環、理想等基本概念。

克羅內克　Leopold Kronecker, 1823–1891　德國數學家，主要貢獻領域為方程論和高等代數。

阿波羅尼奧斯　Apollonius of Perga，c.262–c.190BC　古希臘數學家，著作《圓錐曲線》（*Conics*）是古代科學巨著之一。

拉格朗日　Joseph-Louis Lagrange，1736–1813　法國—義大利數學家，對分析和數論的各個領域及分析力學和天體力學都有傑出貢獻。

阿基米德　Archimedes，287–212BC　古希臘偉大的數學家和力學家，系統性地使用窮盡法（method of exhaustion）計算面積與體積，微積分的先驅者。

拉普拉斯　Pierre-Simon, Marquis de Laplace，1749–1827　法國數學家和天文學家，研究太陽系穩定性的動力學問題，有「法國的牛頓」美譽。

柯西　Augustin-Louis Cauchy，1789–1857　法國數學家，在數學分析和置換群理論方面有開拓性研究，也是微積分嚴格化的第一人。

哈雷　Edmond Halley，1656–1742　英國天文學家，1705年運用牛頓新的運動定律，準確預言日後稱為哈雷彗星（Halley's Comet）的那顆彗星將在1758年返回太陽系內部。

哈維　William Harvey，1578–1657　英國醫生、生理學家、解剖學家和胚胎學家，提出血液循環論，為近代生理學和醫學的發展奠定基礎。

馬克勞林　Colin Maclaurin，1698–1746　英國數學家，拓展牛頓在微積分、幾何和引力方面的研究。

泰勒　Brook Taylor，1685–1731　英國數學家，對發展微積分做出貢獻，1715年提出泰勒級數（Taylor series）。

高斯　Carl Friedrich Gauss，1777–1855　德國數學家，和阿基米德、牛頓並列歷史上最偉大的數學家。

笛卡兒　René Descartes，1596–1650　法國哲學家、數學家、物理學家和自然科學家，創建解析幾何。

萊布尼茲　Gottfried Wilhelm Leibniz, 1646–1716　德國自然科學家、數學家和哲學家，著名理論為單子論（Monadology）。他和牛頓先後獨立發明微積分，微積分中的數學符號也是其偉大成就之一。

康托爾　Moritz Benedikt Cantor, 1845–1918　德國數學史家，創立19世紀數學最偉大成就之一的「集合論」(set theory)。

莫佩爾蒂　Pierre-Louis Moreau de Maupertuis, 1698–1759　法國數學家和天文學家，１７３２年把牛頓的引力學說引介至法國，１７３６年率領一個考察隊到拉普蘭沿子午線測量每一度的長度，證實牛頓的學說，即地球是一個扁球（兩極扁平的球體）。

畢達哥拉斯　Pythagoras, 582–507BC　希臘哲學家和數學家，提出著名的畢氏定理（Pythagorean theorem)。

費馬　Pierre de Fermat, 1601–1665　法國數學家，與笛卡兒同為17世紀前半的重要數學家，費馬大定理（或稱費馬最後定理）是數學史上著名的難題。

達朗貝爾　Jean le Rond d'Alembert, 1717–1783　法國物理學家、數學家和天文學家。

漢彌爾頓　Sir William Rowan Hamilton, 1805–1865　愛爾蘭物理學家和數學家，最大成就是發明四元數（quaternions)，廣泛運用於物理學各方面；他還統一動力學和光學，對數學及物理領域影響深遠。

歐拉　Leonhard Euler, 1707–1783　瑞士數學家和物理學家，純粹數學奠基人之一，在幾何學、微積分、力學和數論等方面都有重大的開創性貢獻。

歐幾里得　Euclid, c.365–c.280BC　古希臘數學家，著名著作《幾何原本》(*The Elements*) 對幾何學、數學和科學的未來發展有深遠影響。

龐加萊　Henri Poincaré, 1854–1912　法國數學家、理論天文學家和哲學家，提出最著名數學問題之一的「龐加萊猜想」(Poincaré conjecture)。

附錄　名詞解釋

二次函數 quadratic function 形如 $y=ax^2+bx+c$（$a\neq0$，a、b、c皆為常數）的函數。

二次微分 second-order differentiation 對一個含有一階導數和二階導數，而不含更高階層數的方程式微分。

三次曲線 cubic spline 方程式中自變數為三次者，其所表之曲線為三次曲線。

三次函數 cubic function 形如 $y=ax^3+bx^2+cx+d$（$a\neq0$，a、b、c、d皆為常數）的函數。

三角函數 trigonometric function 代表直角三角形邊長比值的六個函數（正弦、餘弦、正切、餘切、正割、餘割）。

不定積分 indefinite integral 設 $F(x)$為函數 $f(x)$在某區間內的一個原函數，其原函數的全體 $F(x)+C$叫作 $f(x)$的不定積分，寫作$\int f(x)\,dx=F(x)+C$。

反曲點 inflection point 切線穿過曲線的一點，即曲線在該點由凸轉凹，或由凹轉凸。函數在反曲點的二階導數為0，且二階導數在這點改變符號。

牛頓法則 Newton's method 又稱牛頓—拉弗森法（Newton-Raphson method），求二次可微函數極小值的方法。牛頓法則可應用於一個函數的梯度，作為求近似臨界點的方法。

卡瓦列里原理 Cavalieri's Principle 一、如果兩立體具有同樣的高度，而且與底等高且平行於底面的截面積兩兩成固定的比值，則這兩個立體的體積比等於該固定的比值。二、如果兩面積具有同樣的高度，而且與底等高且平行於底線的截線長兩兩成固定的比值，則這兩個面積的比等於該固定的比值。（引自《微積分史話》，曹亮吉教授著）

合成函數 composite function 如果 y是 u的函數，而 u又是 x的函數，即 $y=f(u)$、$u=g(x)$，那麼 y關於 x的函數 $y=f[g(x)]$就是函數 $f(u)$和 $g(x)$的合成函數。

有理數　rational number　整數和分數統稱為有理數。任何一個有理數都可以寫成分數形式：m/n（m、n均為整數，且$n \neq 0$）。

自然對數　natural logarithm　以自然基底e為底的對數。通常寫作$\ln(x)$或$\log_e(x)$。

克卜勒定律　Kepler's laws　行星運動的三項定律：⑴軌道定律：以太陽為中心，每一行星軌道皆為橢圓；⑵面積定律：每一行星的矢徑（太陽中心和行星中心的連線）在等時間內掃過的面積相等；⑶週期定律：行星繞太陽運動週期的二次方和其橢圓軌道的長半軸的三次方成正比。

克羅梭曲線　clothoid curve　又稱柯奴螺線（Cornu spiral）。形式為$x=C(t)$、$y=S(t)$的曲線。

辛普森公式　Simpson's formula　以二次項之和近似積分的方法。

函數　function　數學中的一種表述、規則或定理，界定一個變數（自變數）與隨之改變的另一個變數（因變數）之間的關係。設在某變化過程中有兩個變量x和y，變量y隨著變量x共同變化，而且依賴於x。如果對於x的每一個確定的值，依某個對應關係，y都有確定的值與其對應，則y叫作x的函數，寫作$y=f(x)$。

奇函數　odd function　當自變量改變符號時，函數改變符號，但絕對值不變的函數，使得$f(x)=-f(-x)$。例如：$f(x)=\sin x$。

定義域　domain　使所有函數值有意義的一切實數所成的集合。例如：$y=f(x)$，凡函數f在x的值，能使函數值y有意義，此x的集合即函數f的定義域。

定積分　definite integral　計算正函數的不定積分在兩個積分限之間取值的表示式。代表給定函數的曲線與x軸在表示兩個積分限的x值之間的面積。

拓撲學　topology　描述圖形不受伸縮或扭結等連續變形影響其性質的幾何學分支。拓撲學的概念和方法是許多近代數學的基礎。

指數函數 exponential function 對數函數的逆函數。

值域 range 所有函數值所成的集合。例如：$y=f(x)$，凡函數f在x的值，能使函數值y有意義，此y的集合即函數f的值域。

偶函數 even function 當自變量改變符號時，函數的符號和絕對值均不變的函數，使得$f(x)=f(-x)$。例如：$f(x)=\cos x$。

常數 constant 代數表示式的數值表示部分。例如：x+7中，7是常數。

斜率 slope 一曲線在一給定點的梯度。

笛卡兒座標 Cartesian coordinate 一種座標系。點的位置是由此點到軸的距離決定。在二維的條件下，使用兩直線，二線交角通常為直角，形成直角座標。水平軸是x軸且垂直軸為y軸，兩軸交點0是座標的原點。

部分積分 integration by parts 用來積分相乘函數的技巧，導自微分乘積法則。

換元積分 integration by substitution 求積分的一種常用方法，由合成函數求導法則和微積分基本定理推導而來。使用時，依據被積表示式的特點選用。同一積分可用不同的置換，其結果只相差一個任意常數。

無限 infinite 數學中指無限次重複某動作的一個有用概念，表示符號為∞。

無理數 irrational number 實數中無法以整數的商數表示的數。例如：質數的平方根及超越數如π和e。

等差數列 arithmetic sequence 從第二項起，每一項減去前面緊鄰的一項，所得的差都等於某一常數的數列。這個常數稱為公差，通常用d表示。例如：數列1,3,5,7…（2n−1）。

費馬大定理　Fermat's Last Theorem　又稱費馬最後定理。在n大於2的情況下，使$x^n+y^n=z^n$成立的自然數x、y、z不存在。數學家一直對這個命題感到困惑，因為他們不能證明它成立，也不能做反證。最後英國數學家懷爾斯（Andrew Wiles，1953－）在學生泰勒（Richard Taylor，1962－）的幫助下完成證明，解決了這個最著名的數學難題。

週期函數　periodic function　對於函數$y=f(x)$，如果存在一個不為0的常數T，使得當x取定義域內的每一個值時，$f(x+T)=f(x)$都成立，$y=f(x)$就是週期函數。

微分　differential　數學分析的一個分支，找出函數的變化率相對於其相關變數，典型的應用包括找出函數的最大值與最小值，解決最佳化的實務問題。

微積分　calculus　數學分析的一個分支，17世紀末分別由牛頓和萊布尼茲發現，最初研究函數在獨立變量做無窮小變化時的性質，現代則以函數的極限作為基本概念。

極值　extremum　在數學中，函數為最大（極大）值或最小（極小）值的任何一點，分為絕對及相對（局部）極大值與極小值。

解析幾何　analytic geometry　幾何學的一門分科，包括平面解析幾何和空間解析幾何。借助座標系來研究幾何對象，因笛卡兒是把代數運用於幾何的第一人，亦稱笛卡兒幾何或座標幾何。

實數　real number　數學中能用有限或無限位小數表示的量。計數的數、整數、有理數和無理數都是實數，用於測量連續變化的量，如體積和時間。

對數函數　logarithm function　設$a>0$且$a\neq1$，$x>0$，$f(x)=\log_a x$稱為以a為底數的對數函數。

遞增函數　increasing function　當函數值y隨著x值增加而增加的函數。

導數 derivative 微分的基本概念，函數的改變相對於獨立變數改變的比率，又稱微分係數。例如，路程對於時間的導數便是速度。

積分 integral 微分的逆步驟，涉及函數所圍成的區域的面積與數量。

國家圖書館出版品預行編目資料

漫畫微積分入門：輕鬆學習、快樂理解微積分的第一本書／岡部恒治著；蔡青雯譯. --初版--臺北市：臉譜, 城邦文化出版：家庭傳媒城邦分公司發行, 2008.09
面；公分. --（科普漫遊；FQ1010）
譯自：マンガ・微積分入門：楽しく読めて、よくわかる

ISBN 978-986-6739-66-8（平裝）

1. 微積分 2. 漫畫

314.1 97010349